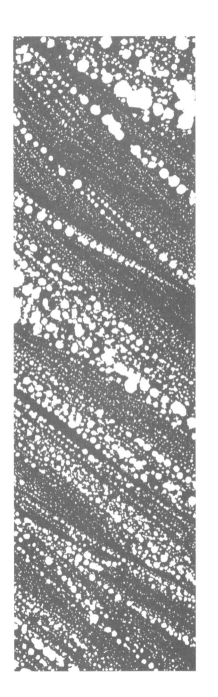

農的循環社会への道

篠原 孝
Shinohara Takashi

創森社

農的循環社会への道

目次

自然の力を引き出す農業技術　90

米麦一貫生産体制を求めて　124

第4章　ヨーロッパ農村の包容力　175

第5章 農的循環社会への道 241

＊本書は小社刊『農的循環社会への道』（２０００年）を新装、復刊したものです

序章 環境保全型農業と循環社会

環境保全型農業と循環社会

一九八〇年代初頭、日本は自信に満ちあふれていた。慢性的貿易赤字国から脱し、貿易黒字を出しはじめたと思いきや、みるみるうちにたまり、アメリカからクレームをつけられるほどになっていた。世の中全体が行け行けムードであり、経済大国、技術大国、金融大国と大国ぶりはじめた時でもあった。

私は、日本の高度経済成長からすっかり取り残された農林水産業を担当する役所（農林水産省）で、このままでいいのかなという疑問を持ちつつも、日常業務に追われていた。

ところが、当時の経団連会長土光《どこう》敏夫を会長に戴《いただ》く第二臨調（第二次臨時行政調査会）が始まり、にわかに農業・農政批判が吹き荒れた。農業はひ弱な受験生ともども過保護の代表と烙印《らくいん》を押され、挙句の果てにアメリカの農業をまねろと言い出す学者まで現れた。

私は、ふとした偶然からそうした農業論に対する反論を書き、それが一部のマスコミで取り上げられ、以来、地味な農林水産省の中で何かとものを書き、発信するという変な役割を果たしてきた。

その時のアメリカ型農業礼賛論者に対し、日本の自然、気候、風土に合った「日本型農業」の重要性を説き、より具体的には「環境保全型農業」なる新語で説明した。当時はかなり説明を要したが、二〇年後のいまは誰しもすぐ理解できることであろう。簡単に言うと有機農業なのだが、有機農業という言葉は当時はあまりにも反発が強く、使うことをためらい、少々違ったニュアンスの言葉を考え出した。

ところが世の中不思議で、いまは私の何も工夫したわけではない造語の環境保全型農業がすっかり定着した。そして、農業ばかりでなく、何事につけ環境保全型を是とするような時代となった。

循環社会は農業から

農業のあり方を考えていると、その延長線上でいろいろなことが見えてくる。それは、経済成長至上主義、経済合理性といった二〇世紀の産業や社会の金科玉条と異なる世界である。私は、そんな思いのたけを一九八五年に『農的小日本主義の勧め』（柏書房刊、創森社より一九九五年に復刊）という本に書き綴《つづ》った。その最終章「新小日本主義の勧め」では、資源浪費型、環境破壊型、寄生的な現在の加工貿易立国を改めて、省資源型、環境調和型、自立的な国家、すなわち、いまでいう循環型社会に変えていくことを主張した。

わが国の産業界、経済界の意見を代弁する日本経済新聞（一九八五年六月二五日付）は「経済論壇」（竹内靖雄）で、私の考えを「錯乱ないし自閉症的対応」「過度に情緒的ナショナリスティック」と酷評し、「俄《にわ》かには支持されない」と断じた。日米通商摩擦がますます先鋭化する頃であり、日本は鼻息が荒く、自ら徒《いたずら》に外に噴出することを押さえる考え方など、それこそ狂っているとしか映らなかったのだろう。

地球生命の危機

あれから一五年の歳月が流れた。

私が予想するよりはるかに速いスピードで、環境問題が顕在化していった。それとともに、農業の分野では、安全な食べ物を求める消費者が激増し、有機農産物は完全に市民権を獲得するまでになった。産業界もフロンガスによるオゾン層の破壊、CO_2による地球温暖化、森林の消失等、地球環境問題のあまりの深刻さに、産業活動自体の変革を求められるまでになってしまった。

まさに隔世の感とはこのことである。

日本ではいま、口を開くと景気問題であり、政府も経済成長率に一喜一憂している。そして、少子高齢化問題であり、二〇二五年には三人の労働人口が一人の高齢者を支えなければならなくなると大騒ぎである。

しかし、経済問題など二一世紀を騒がす問題ではない。来るべき世紀は、①環境、②人口、そして③食料・エネルギーの問題に尽きるはずである。豊かな生活を送れるかどうかなどという前に、地球生命の生き残り、人類の生存が問題にされているのだ。世界の先進国の一つとして日本も上記三つの問題に真剣に取り組み、できうることなら解決の見本を示すぐらいの気概を持つべきではないか、というのが私の一五年前の問いかけでもあり、いまはますますその感を強くしている。

農業と二一世紀の課題

第一次産業（農林水産業）は、二一世紀の三大課題の解決に深くかかわっている。日本の水田を中心とする農業は、環境保全型農業だと述べた。しかし、農業は、そもそも自然の最も自然たる状態である森林や草原を畑に変えて人間の都合のよい植物を育てる産業であり、その意味では、本来的に自然破壊が伴う。ヨーロッパの農業が一時森林を破壊しつくしたり、いま世界各地で砂漠化、土壌流亡、塩類集積が起きていることがその典型である。地球との共存を真っ先に考えねばならない産業なのだ。なぜならば、第二次産業と比べその面的な広がりは比ではないからだ。

一八世紀の産業革命により本格化した工業は、一九世紀の化学の進歩、二〇世紀の物理学の発展により、二〇世紀末には繁栄の極に達した。しかし、前述のとおり、化石燃料の使用も極に達し、CO_2の排出を押さえなければならない事態にたちいたったのである。経済学でいう外部不経済は無視できないどころか、人類の生存に黄信号をつきつけたのである。さらに昨今はダイオキシン、環境ホルモン等次々と生命のメカニズムを破壊する化学物質も明らかにされている。

かくなるうえは、ゴミ処理の問題ではなく、悪い臭《にお》いは元から断たなければならないという譬《たと》えのとおり、有害物質の生産を禁止し、産業活動自体を縮小しなければならなくなりつつある。

エントロピーを増大させる（汚れを拡大せざるをえない）宿命を持つ工業と比べると第一次産業には救いようがあることも確かだ。やりようによっては、地球生命と共存できるからである。

持続的開発

農業は工業と本質的に違う。工業は物の形を変える＝加工するだけなのに対し、農業は太陽エネルギーをもとに光合成により植物が育つことを元にしている。そして、人間はそのいわば上前《うわまえ》をはねて、生かしてもらっているだけの話である。したがって、その上前のはね方が破壊的でないかぎり、なんとか生き永らえることが可能なのだ。

これを簡単な言葉でいえば、「持続的開発」(sustainable development)ということになる。一九九二年のリオデジャネイロの地球環境サミットのキャッチフレーズである。そして、この言葉は農業のみならず、工業も含め、各人の生き方についても世界のめざすべき方向となり、最近は、「環境にやさしい生き方」(environmentally friendly way of life)とも言われるようになった。

ところが、この二つとも、具体的にはどう生きたらいいのかということがすぐにはわかりにくい。

ともかく環境を壊さない企業活動なり、生活態度ということなのだろうが、私は要は二つに集約されるのではないかと考えている。

一つは、余計なものを作らず、かつ使わないこと。

二つには、物の移動はなるべく少なくするということ。

ムダな生産

何が必要なもので何がいらないものかは、それぞれの人の価値観により大きく異なる。

たとえば、パチンコなどはなに一つ役に立たないムダなものの代表と思われるが、しがないサラリーマンの一時の楽しみと考えると必要悪として仕方のないものになる。しかし、田んぼをつぶした郊外型のパチンコ店の忌まわしき数々を考えると消えてほしい産業の筆頭に挙げられる。電気をこうこうとつけ、大きな音楽を鳴らし、電気のムダづかい以外の何物でもない。不埒《ふらち》な母親が子どもを灼熱《しゃくねつ》地獄の車の中に置き忘れ、毎年数人が幼い生命《いのち》を失う。栃木県では古い台が野積みにされ大問題となっている。それでも、農業の三倍の三十数兆円を稼ぐと経済学者はほめそやす。

パチンコを許すとしても、たとえば新規台への転換は年一回に限定し、古い台は必ずリサイクル工場に回す。屋根はソーラーパネルにして自家発電し、たまった雨水は中水道としてトイレに活用といった規制が必要である。プリペイドカードを導入するよりも先にしなければならないことである。

問題の農業は、人間が生きていく上で不可欠な食料を生産しているので、とやかく言われる筋合いはない。しかし季節はずれの果物を真冬に重油を燃やしてまで生産するのは、汚れも著しく増すし、明らかに余計である。贅沢《ぜいたく》な果物でも、その地の気候に合った太陽エネルギーからできるのであればよしとできようが、自然をねじ伏せてまで作るのは度が過ぎている。

つまり、旬《しゅん》のもの、その地のものをいただいていればよいことになる。

不必要な移動

物や人の移動が簡単に速くできるようになったのも、近代科学の一つの成果である。しかし、物の移動には必ず汚染が伴う。CO_2ばかりでなく、いろいろな排気ガスをまきちらす。最近でいえば、石原東京都知事がディーゼル車の禁止を打ち出したことが大きく取り上げられたが、むべなるかなであり、少なくとも環境問題を心配する人たちからは拍手をもって迎えられた。また、ＩＴ（情報技術）革命により情報の共有化が進めば、人間の移動も少なくてすむはずである。

われわれは二一世紀に向けて、二〇世紀型生活スタイルを変えていかなければならないが、その一つが、物の移動はなるべく最小限に抑えるということである。輸送に伴う排気ガスが減り、地球生命が傷まなくてすむからである。

工業製品の世界でも、自動車の現地生産にみられるように、最終消費地の近くで最終製品を作るようになりつつある。輸送コストのことを考えたらバルキー（量がかさばり重い）なものは動かさないほうが安上がりである。

そして、食べ物になるともっとわかりやすい。遠くから持ってくるとなると、保存が必要となり、いらぬ添加物とやらも必要となる。安全と健康を考えても「地産地消」――その地でできたものをその地で食べるのがベストである。それを穀物を大量にアメリカから輸入するとなると、まず輸送による空気汚れ、次が燻蒸《くんじょう》による穀物自体の汚れが思いつく。アメリカが限界地で無理な生産をして産地を傷めたうえに、安い価格により日本の中山間地の農業を立ちゆかなくしてしまい、二重の意味で環境破壊的である。

消費者グループが、フード・マイレージ（Food Mileage）と称して、食卓の食べ物がどこからどれぐらいの距離を運ばれてきたかを考えようと言いだしたのは、まさにこの問題を承知したうえでのことである。日本の食卓はマグロで五〇〇〇キロメートル、オージー牛肉で四〇〇〇キロメートルと四桁《けた》、五桁になってしまうのではなかろうか。

自立国家をめざす

人口増も国の生き方に大影響を与える。江戸時代に三〇〇〇万人余の静止人口だった日本が、明治以降急激にふえ、六〇〇〇万人を養えなくなり、それが、満州にそして東南アジアにまで進出する口実になってしまった。わずか数十年前、五族協和という美名の下、他国の農民の土地を取り上げて食料を産することに、日本の国民は何の疑問も感じなかったのだ。いまは、小学生すら植民地を持つことなど許されないことを知っている。

西欧列強もしていることだからと誰も疑問を感じなかった大陸進出に対し、石橋湛山《いしばしたんざん》は公然と批判し、他人の土地を奪うようなまねはせず、日本に戻り、原材料を輸入して製品を作ってそれを輸出して得た金で食料を輸入すればよい、と喝破した。まさに、いまの加工貿易立国論を唱えたのだ。石橋湛山はこの当たり前の考えを、軍事的大日本主義に対し、「小日本主義」と唱した。お気づきのとおり、私の「農的小日本主義」は、その借り物である。

吉田茂内閣の蔵相に抜擢《ばってき》され、後に首相の座まで昇りつめた石橋湛山も、日本の一九八〇年代までは予想しなかったにちがいない。加工貿易立国が過ぎてしまい、つまり輸出しすぎてアメリカなど世界各国からひんしゅくをかい、買う物に事欠き、仕方なしに日本農業をつぶしてまで食料（農産物、水産物）を買わざるをえなくなってしまったのである。より輸出しやすい環境を維持するために、いらない農産物を輸入してまで貿易黒字を減らさないとならない、という本末転倒したことになってしまったのである。

貿易は輸出と輸入、出て行って入ってくるという二つのことからなるが、日本をはじめ世界は何はともあれ輸出を善と考え、先行させてしまう。本来は、必要なものを買うために輸出して稼がせてもらうというのが筋のはずである。それをどこかで間違ってしまったのだ。前述の「経済論壇」は、この基本を勘違いしているようである。

日本は、日本に豊富に賦存する水、太陽、土、海といったリサイクル・天然資源を活用して自立する途《みち》を探るべきであり、その一環として足りないものを輸入に頼る程度の貿易にとどめるべきであろう。国としての環境にやさしい生き方である。循環国家への途につながることになる。

こう考えてくると日本の少子化はなにも嘆く必要はない。少ない人口に合わせた国づくりをすればよいことになり、必要以上にいらないものを作り日本国民はおろか世界中に行きわたらせて稼がなくてもすむことになる。いまの経済力を維持するために人口をふやす必要があるというのは、戦争遂行のために男子を産めよ殖《ふ》やせよというのと似てきてしまう。これも順序が逆である。

そんなことをいってもベビーブーム世代が高齢化した時は支えきれない、とよく反論される。しかし、これも高齢者、即、支えなければならない者という固定観念がずれている気がする。環境保全型農業で生産した安全な食べ物を食べて、働きすぎることなく健康を維持して元気に年老いていく仕組みをつくれば万事解決するのである。そう心配することではない。

要は、いまの経済をそのまま維持したり拡大したりすることを考えずに、もっと素直に生きる途を探すべきではないかということである。

　そうなると、賢明な日本国民が子どもを少ししかつくらなくなりつつあるのは、それこそ、神の見えざる手による調和かもしれず、下手な児童手当などで産めよ殖やせよというのは時代錯誤もはなはだしいことになる。まして外国人労働力を入れてまでわが国の産業規模を維持するなどということは考えるべきことではない。技術移転をしてやり、それぞれの国で自活していけるように手助けしてやることが先である。

　二一世紀を目前にして、われわれは二〇世紀の近代文明が危機に直面していることを知らされるようになった。人間の欲望のままに自然を利用してきた結果、環境破壊が生じ、人類の未来に暗雲を投げかけているのだ。過大な欲望は捨てねばならない。循環社会への道は、個人も国家も足るを知り、自立して生きることから始まる。

第1章 「食料小国」の貿易依存と自給

食料輸入大国の弱みと歪み

憂慮すべき「食料危機」の可能性

アメリカの環境問題の研究者、レスター・ブラウンは、その著書『中国を誰が養うか』(ダイヤモンド社)で中国の食料問題を論じている。だが、先に問題視されてしかるべきは日本ではないかと思われる。中国は日本の約一〇倍の人口を抱えているものの、食料自給率は日本より数段高く、日本ほど多くの農水産物を輸入に依存していないからである。

国民の主要食料を自国が責任を持って供給することは世界の常識であり、実際にほとんどの国々が食料の自給を重要な政策目標に掲げ、その実現に大きな努力を払っている。その意味で、日本はきわめて異例の国といわねばなるまい。

現在のところ、日本は貿易黒字の資金に支えられ安閑としていられるが、この状況がいつまでも続く保証はない。また、続けていたら大変な事態を招くことになるだろう。早晩、どの国も食料の余裕が少なくなってくるからだ。たとえば、食料輸出国であるタイは、安い労働力を生かして工業化を進めており、輸入国となるのは時間の問題であり、中国もインドネシアも同様の道をたどり、東南アジア全体の食料輸出力が低下しているのが現実である。

にもかかわらず、現在、日本は世界中から食料を輸入し、水産物などは貿易量の三分の一を買っている。「マグロは、どこで獲れても日本に輸出される」という異常な行為がまかり通っているのだ。こんなことをずっと続けられるはずもない。

アメリカやオーストラリアなどの穀物輸出国が日本に輸入増大を迫っているし、貿易黒字はあるし、当面は食料危機の心配はないだろう。しかし、金にあかせて食料を買いあさる不謹慎な行為に歯止めをかけなければならない。

自給率の低下が「食の安全」を脅かす

自給率の低下は、食料危機だけでなく「食の安全」問題にも直結する。元来、生きとし生けるものは身近にあるものを食べて生きている。パンダが笹を好み、コアラがユーカリを好むのは、彼らが他の食べ物と比較して選んだのではない。むしろ厳しい生存条件の下で、身近に大量にある笹やユーカリが、彼らの身体構造をつくりあげていったのだ。

日本人は、いまや世界中の料理を食べ、肉食もふえたが、長い間、米と豊富な野菜、そして近海で獲れる魚介類を食べてきた。米が気候風土に合い、温暖な気候が植物の生育に適し、魚が周囲にたくさんいたから、必然的に常食するようになったにすぎない。他と比較して大好物だから食べているのでないことは、パンダやコアラと同じである。私たちの食生活は、長い年月を経て徐々に形成されたものであり、身体のつくりもそれに適応してきた。急激な食生活の変化で体格もかなり変化したが、それが無理のない変化だったかどうかは疑問である。

食生活の変化は、単に魚から肉、米からパンと、目に見えるものだけではない。科学技術の発達によって農漁業の質が変化し、大量の安定供給が実現し、大量輸送も可能になった。そのことが食生活の中身を変え、残留農薬や保存料、添加物などが加わった食べ物も常食するようになってしまったのである。

食べ物は「地産地消」が原則

環境問題が全地球的な問題となる中で、農薬や化学肥料の害についての認識も深まっている。とくに、ポストハーベスト（収穫後）農薬の問題は大きく取り上げられ、輸入農産物の安全性への疑問は強まっている。国産大豆使用豆腐、国産小麦一〇〇％、国産牛肉など、〝国産〟を名乗る食品が好まれているのは、消費者全体の安全志向の証左にほかならない。

日本の食べ物が、なぜ今日のように危なっかしいものになったのか。それは、工業製品と同じく大量に作り、大量に遠くへ輸送することから始まったともいえる。

食べ物は、植物であり動物であり、生命体なのだ。それを工業製品と同じように考えたところから、歪《ゆが》みは始まっている。食べる側の人間も、食べ物自体も自然の一部であり、気候風土を無視しては成り立たない。地域の自然や気候風土に従って、そこで穫れるものを、その地で食べる「地産地消」が自然の姿なのだ。

日本の消費者の一部も、この事実に気づいたからこそ、農産物自由化反対を唱えるようになった。

しかし、安全性への疑問を抱えながらも食料は輸入され続けている。「少しでも安く作れるところから輸入すべき」とするガット（GATT＝関税貿易一般協定）のルールに従って、日本は世界最大の食料輸入国となってしまった。

食料自給率はカロリーベースで四〇％と、先進国でも類をみない低水準に落ち込んでしまった。貿易立国として成功し、経済大国となった日本は、持てるお金をつぎ込んで世界中から食料を買いあさっている。そこには〝生命を育む食べ物〟という発想はない。農産物は換金できる物としてとらえられるばかりである。

地球レベルからみた日本の歪み

食料自給の問題は、地球全体として考えるべき課題でもある。環境にやさしい生き方が問われる昨今、世界中のエコロジスト（環境保護を考える人）たちは「物の移動をできるだけ少なくすべき」と主張している。移動すれば、その分、石油などのエネルギーを消費し、環境汚染を助長するからだ。食料の長期輸送・保存には、これに加えて燻蒸《くんじょう》剤、ポストハーベスト農薬、保存剤といった問題がつきまとう。輸入したほうが安いと言って自国で食料を作らない日本の生き方は、エコロジーの理念に反していることになる。

最近は、日本の自動車メーカーも現地で生産して輸送ロスを削減するケースがふえているが、当然のことであろう。欧米でも作れるものをわざわざ日本で作り、船に乗せて輸出するのは、非効率この上ないことなのだ。

いまや、自由貿易が絶対的な善とされているが、これは大きな誤りだと思う。日本の責務は、国民の必要なものをできるだけ自国で作り、不足分だけを輸入で補うように努力することである。目的もなしに外貨をため込み、その使い道がわからずに外国からバッシングされているのは、バカバカしいことである。そして、その解決策として輸入を拡大しようとするのは時代錯誤というべきであり、その前の輸出削減こそが正道ではないだろうか。

食料政策と自由貿易

自由貿易を支える海洋自由原則の背景

西側先進諸国の共通のルールとして、自由貿易の原則がある。そして、これを根底から支えるものに、海洋自由の原則がある。海洋を自由に通航できなければ、貿易は遮断されてしまう。

事実、一五世紀末、法王アレキサンドル六世の大教書に基づき、スペインは大西洋の西、ポルトガルは大西洋の東とインド洋に対して領有を主張し、通商独占権を得、他国船の通航を禁じたのである。トルデシラス条約（一四九四年）により若干の変更が加えられたが、ケープ・ヴェルデ島の西方一一一〇カイリ（一カイリ＝一八五二メートル）の子午線を境に世界を二分して領有された。

その後、フェリペ二世が一五五九年にフランス女王エリザベートと再婚してフランスを支配し、一五八〇年にはポルトガルの王位も兼位し最盛期を迎えた。

ところが、一六世紀末になると、海洋の領有に反対する勢力も強くなり、エリザベス女王はドレイクの世界周航に対するスペイン大使メンドーサの抗議に回答して、

「海と空気の使用は万人に共有である。自然からも公共の使用の点からも、海の占有は許されないから、海洋へのいかなる権原も、いかなる国民にも個人にも属することができない」

と主張した。一五八八年には、また、ドレイクに率いられるイギリス・オランダ連合艦隊がスペインの誇る無敵艦隊を撃破し、その後、両国の東インド会社が、スペインとポルトガルが領有を主張する海洋に実力で進出していった。

一六〇四年には、オランダは、マラッカ海峡においてポルトガル船カタリナ号を捕獲したが、これを正当化するためオランダ東インド会社の青年弁護士（弱冠二二歳）として「海上捕獲論」を書いたのが、後に国際法の父と呼ばれるグロチウスであった。その後、一六〇九年、第一二章を抜き出して『海洋自由論（Mare Liberum）』が匿名で発刊された。彼は、海洋を領有することが許されず、海は万人の自由に開放されていることを、自然法および万民法に基づいて論じ、海洋自由の原則、そしてそれに連なる自由貿易の原則を築いたといってよい。

これに対し、一六〇九年には、英国沖の外国漁船、とくにオランダ漁船の侵入、操業を

禁止するため英国海（British Sea）の領有主張が開始され、英国の学者が数多く海洋領有を主張する論文を発表している。その代表的なものが、一六三五年のセルデンの『海洋閉鎖論（Mare Clausun）』であり、今日の二〇〇カイリの主張をほうふつさせる（ただ正確にいうと、エリザベス女王も外洋（Ocean）と沿岸海（Sea）を区別しており、またグロチウスの主張は外洋に重きをおき、セルデンの主張は沿岸海のことを主張したという差にすぎないかもしれない）。

ここで注意すべきことは、海洋自由対海洋閉鎖という大論争も、結局は、自国の利益の正当化のために意図的に主張されたにすぎないということである。グロチウスは、新興国オランダが世界の海を牛耳る旧勢力スペイン、ポルトガルに対抗するために海洋自由を主張し、セルデンは、そのオランダが自国沿岸でタラ漁をするのを防ぐため海洋閉鎖を主張したのである。それが、片や公海自由の原則に引き継がれ、片や三〇〇余年の空白の後一九七三年の国連海洋法会議の排他的経済水域に継承されたのである。

かつての海洋法の解説はグロチウスに大半が割かれていたが、今後は逆にセルデンが重きを占めるかもしれない。世界のゴールデンルールと考えられていることも、元をただせば、意外と矛盾を含んでいるのである。

そして、「自由」を主張するのは、常に強者の側であることも重要な意味を持っている。

一七世紀初頭は、とくに海に関していえば、オランダが圧倒的強者であり、イギリスは、産業革命前の農業国にすぎなかった。わが国が鎖国の折、オランダ一国だけが通商を許されたこともこうしたことを反映している。このことは、後述するように、貿易における「自由」の原則にもそのまま当てはまることである。

イギリスの穀物政策の変遷――穀物条例と反穀物条例運動

海洋自由をめぐる論争の後に、「自由」をめぐる論争が行われたものの一つに、イギリスの穀物貿易をめぐる問題がある。

一七世紀には、イギリスはまだヨーロッパの片隅の農業国にすぎなかったが、一足早く産業革命を成し遂げた後、工業国として急速に国力を増していった。その結果、貿易業者や商工業者が台頭し、農業勢力と拮抗《きっこう》するようになり、穀物の貿易をめぐり大きな対立を引き起こした。イギリスは、すでにエンクロージャー（囲い込み）により農業革命を終え、零細農民は農地を棄て勃興《ぼっこう》しつつある工業の労働者となっており、農業の利益は一部の地主階級が代弁した。

産業革命後は、人口増、フランスとの戦争等により、穀物需要が著しく増大し、穀価が高騰した。そのため、地主階級は土地の囲い込み（第二次エンクロージャー）により穀物の大増産に努めたが、かつての農業国イギリスも穀物の自給自足が不可能となり穀価が騰貴し、海外輸入が必至の状勢となった。とくにナポレオン戦争で、海外からの穀物の輸入が絶えると、穀価はさらに騰貴し、商工業者や工業労働者を苦しめることになった。

ナポレオン戦争が終わると穀物価格は急落し、農業恐慌が起こり、破産者が続出した。そのため、一八一五年、政治的には議会で圧倒的優位を誇っていた地主階級は、穀価や地代の低落を恐れ、「穀物条例」を制定して主要食料の国内生産をはかった。それは小麦一クオーター（約二九一トン）につき八〇シリング以下の時に外国産小麦の輸入を禁止するものであり、ほとんど禁止的な高率関税で国内農業を保護することとなった。

高い国内の穀物は労働者の賃金を高め、工業製品の生産費を高めるため、当然、勢力をつけつつあった産業界と対立することになった。産業側は、自由貿易により海外から安い農産物を輸入することを主張し、数年間、穀物関税論争が繰り広げられた。

中でも有名なのは、マルサスの人口論とリカードの比較生産費説の対立である。

マルサスは、一七九八年、『人口原理論(An Essay on the Principle of Population)』の初版を書き、一八二六年には第六版を書き上げている。人口は幾何級数的に増加するが、食料生産は算術的にしか増加しないとして、国内生産の維持を主張した。

それに対し、リカードは、一八一五年の穀物条例の制定に対し、自由貿易を主張する小冊子をまとめ、その後『農業保護政策批判』等の著作をものにしている。まさに、国際分業論のはしりである。もちろん、時代の流れは圧倒的にリカードに有利であった。

　ところが、反穀物条例運動は、安価な外国産穀物の輸入により労働者の生計費をきりつめ、賃金を低く押さえ、工業生産費を低下させることを狙《ねら》いとするという商工業者のみに利するものであったため、当初は労働者階級は支持することなく、むしろこれと対立した。しかし、自由貿易の潮流は変わるところがなく、一八二八年には、農業を保護しつつ、消費者の負担を軽減するため関税の軽減等の改正が行われた。

　その後、一時、豊作のため穀価が下落し、反穀物条例運動はいくぶん下火になったが、一八三八年の大凶作で高騰するに及び、再燃し、ランカシャーで反穀物条例協会が設立された。

　一八三九年には、コブデンとブライト等がマンチェスターにおいて反穀物条例同盟(Anti-Corn Law League)を結成し、安価な外国産穀物の輸入による工場労働者の生活の安定と商工業者の利益を主張した。彼らは、穀物条例の撤廃により安価な穀物が輸入され、労働者の賃金は上昇するとして、パンフレット等を作成し労働者階級の説得に努めた。その後、商工業の不況期に入り、中産・下層階級にまで反穀物条例運動が浸透していった。

　一八四二年、ピール内閣は、こうした世論に押され穀物条例を改正し、穀物輸入制限をゆるめ、廃止運動に拍車をかけることとなった。その後、一八四五年のアイルランドの大凶作を機に穀物条例の廃止を決め、翌年、与党保守党の反対を押し切って廃止された。

以後、イギリスは、世界の工場として工業製品を海外に輸出し、食料については、植民地からの輸入に対し名目的関税を課するのみで、海外に依存し続けることになった。本格的な自由貿易の幕開けであった。

自由貿易＝強者の論理が勝利

海洋の自由をめぐる論争は、オランダとイギリスという国の対立であったが、穀物貿易の自由をめぐる論争は、同国内の地主階級（農業側）と新興商工業者（産業側）の対立であるものの、その本質はなんら変わるところがない。旧勢力と新勢力、あるいは強者と弱者の対立であり、自らの立場を擁護するために、それぞれが都合のよい理屈を主張しているにすぎず、いずれも「強者の論理」、すなわち「自由」の側が勝利を収めている。

コブデンは、もめん織物商、キャラコ捺染《なっせん》業で産をなし、ブライトは紡績業者として活躍し、ともに政治家となっている。両者とも自由貿易、国際協調を説くマンチェスター派の旗頭として「自由貿易の使徒」となり、いわば新興産業側の代表的存在であった。ピールもランカシャーの富裕な綿織物業者であり、リカードもオランダ生まれのユダヤ人であり、証券取引業により大きな財産をつくった後、国会議員となっている。いってみれば、いずれ劣らぬ山師、投機師であり、あぶく銭をもとに政治の世界に乗り出した野心家というのも共通している。自分の商売の論理を国の論理、世界的に普遍な論理として主張した点は、地主階級が高穀価を維持して自分の利益を守ろうとしたことと変わるところがない。

その点、マルサスは、そうしたものに汚されていない。ケンブリッジ大に歴史と文学を学び、僧位をとり、牧師職についており、リカード等の新思想にも批判的であった。狭い了見にとらわれずに、長期的観点から、国家のあり方、人間の生き方をみたのであろう。ケインズをして、「もしマルサスだけがリカードの代わりに、一九世紀の経済学の直系の父親であったとしたら、今日の世界ははるかに賢明かつ富裕な場所となっていただろうに」と言わしめている。欲のない牧師と成金政治家の説のどちらが長期的な視点に立っているか明らかである。

食管制度の成立とその変遷

日本の食料政策といえば、つい最近まで米を中心とした「食管制度」が根幹であり、その意味では「食糧管理法」(以下「食管法」という)は、まさに日本の穀物条例といえる。

そして、イギリスの穀物条例と日本の食管法の二つの制度を比較検討した場合、多くの類似点と相違点がみられるが、一九八〇年代の食管制度をめぐる動きなど酷似する点が多い。とくに財界側から出される食管制度廃止の提言等はイギリスの反穀物条例運動となんら変わるところがない。

そこで、ここでは食管制度をめぐる動きと百四十余年前のイギリスの穀物条例をめぐる動きを比較してみることにする（年表参照）。

明治時代の後期（一九〇〇年代）は、穀物条例と同じく、制度的なものとしては米穀輸入関税をかけるぐらいのことしかなかった。日露戦争後（一九〇五年）の状況は、ナポレオン戦争後と同じであり、米需要の拡大、労賃の上昇等があったにもかかわらず、米価は低落した。

しかしながら、米は自然の産物であり、豊凶をくりかえす。たび重なる米価の大幅変動に対し、農民（地主側）の間には政府の買い入れによる米価調整を望む声が強くなりつつあった。イギリスにおいて、地主階級が穀物条例の制定による穀価の安定を望むのと同じであった。一九一五年には、こうした動きに対応して大隈《おおくま》内閣が米価調整令により政府買い入れを行った。

しかし、一九一七年以降は、再び米不足となり、需要増、投機の横行等もあり米価は高騰してしまった。米の買い占め等を防止するための暴利取締令や外米管理令による外米の民間輸入の促進にもかかわらず、高米価が続き、日本国内は諸々の事件が頻発した。一九一八年、富山県中新川《なかにいかわ》郡西水橋町で始まった米騒動が各地に広まり、約七〇万人が、米の県外移出のとりやめや安売りを求めて米屋、資産家を襲った。米の輸入税を減免する緊急勅令、大都市に米を集中する穀類収用令等にもかかわらず、米価は暴騰を続けた。

これらの穀価の値動きは、一八〇〇年代のイギリスにもあったが、日本の場合は変動がより大きかった。そのため、輸入関税の上げ下げではとても対応できず、政府による流通過程への介入という、イギリスとは別途の方策がとられることとなった。

そして、大きく異なることは、イギリスでは、商工業者がこぞって食料の国内自給政策には反対したのに対し、もともと米に対する高関税には反対していた日本の財界が、この米騒動を経験して以来、自給を支持するようになっていたことである。

こうした中で、米穀法が制定され、米穀の数量調節のため政府が米穀の売買、加工、貯蔵等を行い、また輸入税の増減あるいは輸出入の制限をすることができることとなった。その後、一連の戦時統制の時代を経て、主要食料の恒久的管理制度として設けられたのが、一九四二年の食管法である。それまでの輸出入品等臨時措置法または国家総動員法に基づいて制定されていた臨時、個別的な主要食料に関する統制諸法令がここに一本化され、総

日本とイギリスの食料政策比較(年表)

〔イギリス〕

イギリス穀物条例

1810～ ナポレオン戦争により穀価が騰貴
1812～ 戦争終結により穀物価格が低落し農業恐慌
1815 穀物条例の制定
1828 カニング、ハスキッソン等による穀物条例の改正(関税の引き下げ)
1832 議会改革により商工業者の勢力拡大（地主階級と新興産業勢力の対立、穀物関税論争：マルサス（人口論）vsリカード（国際分業論）
1838 大凶作で穀物価格が高騰
1839 反穀物条例同盟
1842 穀物条例を改正し、穀物の輸入制限を緩和
1845 アイルランドのジャガイモの大凶作
1846 穀物条例の廃止

1901 ビクトリア女王死去（1837年から在位65年）
1919 第1次世界大戦後食料不足 アメリカのフーバー委員会に助けられる
1945 第2次世界大戦後食料不足 再びアメリカの援助を受ける
1973 EC加盟
1982 急速に穀物自給率を高め、穀物条例廃止以来136年ぶりに食料自給を達成
1983 穀物輸出国に転ずる

〔日　本〕

1915 大隈内閣が米価調整令により政府買い入れ
1918 米騒動
1920 米価暴落
1921 米穀法制定

日本食糧管理法

1941 太平洋戦争による食料不足
1942 食糧管理法の制定
1945 第2次世界大戦終了 食料不足（1945～48） 吉田茂食糧内閣発足
1967 米需給の緩和
1969 自主流通制度の発足（1981年に法改正）
1971 米の生産調整の開始　予約限度制(買い入れ制度）の採用
1973 ソ連の穀物の大量買い付け、大豆ショック
1980 第2次臨時行政調査会発足
1981～ 財界の農政提言の大流行
1986 マスコミの食管制度への批判の高まり アメリカ精米業協会（RMA）の提訴騒動 ウルグアイ・ラウンド(UR）農業交渉の開始
1989 昭和天皇死去（1926年から在位64年）
1993 米の大不作 URの結着によるミニマム・アクセス（4～8%）の受け入れ
1995 食管法の廃止、新食糧法施行

1998 米の関税化受け入れ

合的な国家管理制度が完成した。

この戦争という異常事態の中で制定された、片仮名書きの法律がつい最近まで日本の食料政策の根幹となっていたが、注意を要するのは内容が大幅に改正され、また、運用上大幅な調整が行われ、戦時統制的な強力な統制などほとんどなくなってきたということである。

この二〇〜三〇年間における大きな変化として挙げなければならないのは、米の過剰基調に対処して一九七一年に開始された米の生産調整対策であり、同時に米の売り渡しに予約売渡限度数量制（いわゆる政府買い入れ制限）が採用された。さらに、一九八一年には、従来の食管法が消費需要の多様化等経済環境の変化に弾力的に対応しがたい側面を持ち、また、規制内容と経済実態の乖離《かいり》が生じ、法律の条項が遵守されがたいという問題が生じていることから、二〇年ぶりに法改正が行われた。目的規定を配給の統制から流通の規制に改正、配給制度を通常の需給事情の下では廃止、米穀の集荷業者、販売業者等の責任と地位の法律上の明確化等であった。

財界の農政提言と経済摩擦

イギリスの絶頂期は、ビクトリア女王時代（一八三七〜一九〇一年）であり、世界の工場として、陽沈むことなき大英帝国といわれるほどに繁栄した。世界中に植民地を拡大し、綿織物などを売りまくり、まさに自由貿易の恩恵に浴していた。当然のことながら強者イギリスの工業製品は、インド等の零細な織物業を駆逐してしまった。自由貿易はやはり強者だけが勝ち残ることになる。

一九八〇年代には、日本は経済的には世界の強者であった。あの超大国アメリカさえも後に追いやってしまい、一人自由貿易の原則を享受していたといっても過言ではない。しかし、百五十余年前のイギリス同様、国内に農業という弱者が存在し、穀物条例と同じく食管法が存在した。そして、ここにも歴史上のアナロジー（類似性）がみられる。

日本の財界も、前述のとおり米騒動の大混乱をみるまでは、食料自給に反対であった。しかし、それ以後、大正時代以降戦後の混乱期までは、大きな反対はみられなかった。戦後、傾斜生産方式と呼ばれる重化学工業重視等により急成長を遂げた財界は、御多分に漏れず食料においても徐々に自由貿易を主張しだした。

それが大きな流れとなったのは、高度経済成長期真っただ中一九六〇年代の後半の「開発輸入論」、すなわち日本には農業などいらず、東南アジア等を日本の食料基地として開発し、そこで穫れたものを輸入すればよい、とする考えであった。そして、ダヤイトウ（伊藤忠商事）、ミツゴロウ（三井物産）等の例にみられるとおり大商社がこぞって開発輸入に進出していった。しかし、結果は無残であった。現地の気候、風土には、日本の大資本によるアメリカ型の大農法も日本の種子も合わず、十余年後にはすべて撤退してしまっている。

それに追い打ちをかけたのが、一九七三年のニクソンの大豆輸出禁止であり、日本の財界も少しは声をひそめざるをえなかったといえよう。

一九八〇年代になると様相は一変する。

八〇年代初期、農政提言が大流行しだし、とくに経団連、経済同友会といった財界農政提言がマスコミに大きく取り上げられた。農政が一九八一年の第二次臨時行政調査会の発足を契機として国鉄と並び批判の対象となったことに端を発している。

このような行革ムードにさらに拍車をかけたのが、経済摩擦である。一九八〇年代の前半の国政の課題は、国内問題にあっては、行政改革であり、国際問題にあっては経済摩擦の解消であり、この二つとも農業が深くかかわってくる。アメリカでは国内不況の原因を日本からの輸出のしすぎに求め、日本をスケープゴートにしていることが報道されたが、日本では農業がゴータビリティ（犠牲にされやすいこと）が高かったようである。行政改革も農業の改革（とくに食管制度の改善）に、日米通商摩擦の解消も牛肉、オレンジ等の農産物の自由化に転嫁され、その後は米にまで及んでいる。

過度な海外依存への不安

財界の農政提言は、イギリスの反穀物条例同盟に擬せられよう。反穀物条例運動は、商工業者の利益になるだけということで当初、労働者階級の支持を得られなかった。そのため、小冊子等によりかなり説得活動が行われている。財界の農政提言や一部の研究者グループの提言は、まさに大衆の支持を狙ったコブデンたちの小冊子と同じである。地下鉄で無料で配布されている経済広報センターの小さな一口メモ（エコノミーアラカルト）は、従来、経済的な知識を広めるものにすぎなかったが、一九八三年一月から、農業批判や農産物貿易自由化論が頻繁に掲載されるようになった。そればかりでなく、マンガ入りの農業批判ばかりのパンフレットが数万部、小・中学校に配布されている。標的は食管制度である。まさに、反食管法運動である。

一九八六年春以来、経構研（経済構造調整研究会）報告（いわゆる前川レポート）、米価審議の紛糾後におけるマスコミの食管批判、全日本海員組合の米の持ち込み問題等が相次ぎ、とうとう海の向こうアメリカの精米業者（RMA）からも食管制度批判が湧《わ》き上がってしまった。歴史はくりかえすとすれば、食管法は風前の灯であった。

しかし、よく考えてみると、財界サイドの意図的な動きの点では瓜《うり》二つでも、かなり状況の異なった面もみられた。

穀物条例は、輸入穀物に対しただ高関税をかけるだけであったのに対し、食管法は食料の絶対的不足の事態の下で「国民食糧ノ確保及国民経済ノ安定ヲ図ル為食糧ヲ管理シ」（目的規定）、乏しい食料を国民に公平に割り当て配給し、その最低の食生活を保障してきており、政府はピーク時には一俵（六〇キログラム）当たり五八四五円の逆ざやを負担してきていた。つまり、生産者に対しては生産費・所得補償方式（古くはパリティ方式）により再生産可能な収入を保障するとともに、消費者にも米を安く提供することにより消費者の利益にも資してきたのである。

前者の役割が顕著であるが、一九八〇年代に入っての四年続きの冷害時や一九七二年のソ連の穀物の大量買い付けによる世界的な穀物価格の急騰時にも価格が上がることがなかったのは、後者の好例である。このため、日本の消費者が消費者米価の引き下げ等の要求はしてきたものの、食管法の廃止、米の自由化要求までエスカレートすることがなかったのは、このような事情を知ってのことであろう。

食管批判一辺倒の評論家やマスコミの動きにもかかわらず、少なくとも消費者の反応は冷静であった。一九八二年から一年間、日本の新聞は日米牛肉・オレンジ交渉を大げさに取り上げたにもかかわらず、消費者団体、婦人団体は財界の広報活動にまどわされることなく、農産物自由化反対の態度を明らかにしだしたのである。消費者にしてみれば安いにこしたことはないが、食べ物の安全性の重視、あまりに過度な海外依存への不安から、財界の一方的な姿勢に一石を投じたものといえる。

新聞の投書欄に食管、米問題について一般読者の声が数多く掲載された。その主張は千差万別であったが、米についてはほとんどの日本人は牛肉、オレンジとはまったく別の考え方をしているように思えた。

これは、全くの自由貿易を標榜《ひょうぼう》するアメリカにおいてさえも、一九八五年一月、カーギルがアルゼンチンから小麦を輸入し、インターコンチネンタルがニュージーランドから小麦を輸入しようとするや、農民等から大反対の声が上がり二社とも輸入を見合わせたのと同様である。アメリカは一時的にではあるが、一九八六年五月にはとうとう農産物の純輸入国に転じてしまった。

日本にとっての米、アメリカにとっての小麦は同様であり、国内で作るべしという国民感情は、きわめて正常なものかもしれない。

しかし、財界以外にも米の自由化、食管法廃止の同調者は現れつつあった。労組幹部が中心の社会経済国民会議は、食管制度の廃止、農産物の全面自由化を提言した。

かつて、反穀物同盟は、賃金を上げずに生産費を低く押さえるために、安い穀物価格を主張した。当時のエンゲル係数や穀物への支出はかなりの部分を占めたであろうが、一九八〇年代の日本のエンゲル係数は二七、勤労者世帯（三・九七人）が一か月に米代として支払う金額は、六一四一円、実支出の一・七％に相当する。一日当たり二〇五円にすぎない。これが、財界や風評に付和雷同する評論家が、食管制度や農産物輸入制限により、消費者は五兆円も多く支払わされているといった宣伝をしても、消費者の声として食管制度廃止が浮き上がらない一つの理由でもあった。

したがって、いくら不景気で賃上げがままならないからといって、米代を少し安くして代替するという、穀物条例時代のような古典的方程式は成り立たない。

日米貿易摩擦と食管法

穀物条例当時と違って、食管法廃止の要求の理由として大きな比重を占めたのは、日米経済摩擦である。

そもそも一国の国民の基幹的食料を賄うための食料政策が、工業製品の輸出しすぎによる貿易摩擦の解消といった短絡的目的のために歪《ゆが》められてよいはずがない。前述のアメリカの例ばかりでなく、ＥＣ（欧州共同体）諸国もインド、インドネシア等の発展途上国も、基幹的食料の自給を当然視している。

仮に百歩譲って、食管制度を廃止し、農産物を全面的に自由化することにより、日米貿易収支のインバランス（不均衡）が改善されるのなら仕方なかろう。しかし、日本がアメリカからどんなに農産物を輸入したところで、六〇〇億ドルを超す貿易黒字を減らすことは不可能なのだ。

日本は、米を除けば、小麦、大豆、飼料穀物等ほとんどをアメリカなどの海外に頼ってきており、世界一の農産物輸入国である。アメリカからも七四億ドルも輸入していた。仮に日本の米の総需要量一一〇〇万トンを、当時の国際価格（トン当たり二一〇ドル）で全量輸入するとしても二三億ドルにしかならなかった。

つまり、日米農産物貿易問題、なかんずく米の自由化問題は、日米経済摩擦によりつくりあげられた象徴的な問題でしかなかったのだ。

牛肉・オレンジ交渉の時期に、日本への牛肉の自由化要求についてアメリカの新聞、雑誌で取り上げられることはほとんどなかった。関係する農民の数では最大の牛肉も、一〇〇〇万トンの生産に対し、約一〇〇万トンを輸入し、日本への輸出は高級牛肉が数万トンにすぎず、彼らの関心は、いかにしてアルゼンチンやニュージーランドからの輸入を押さえるかにあったのだ。日本への牛肉輸出で利益を得るのは、フィードロット（狭い飼育場）で穀物を食わせて牛を太らす大手のプロセッサー（精肉業者）であった。

そして全米精米業者協会（ＲＭＡ）の要求も似たような図式となる。アメリカの米は、タイ米と比べて価格競争力を失い、新農業法で新設されたマーケッティングローン制度（融資の返済額を大幅に値引きする）の適用第一号となるなど、かなり保護を受け、苦しい中でも米作農民はしのいでいた。

いずれにしても肥育牛農家と比べると、米作農家はきわめて少なく、わずか一万一〇〇〇戸にすぎず、アメリカにとっては些細《ささい》な問題でしかない。

それに対し、日本にとって米の自由化や食管法の廃止は死活的重要性を持っていた。いかなる視点から物事をみなければならないか明らかであろう。

マスコミはＲＭＡが日本の米の自由化を求めて一九七四年通商法三〇一条（不公正貿易取引慣行への対抗措置）に基づき米通商代表部（ＵＳＴＲ）に提訴したことを外圧と大騒ぎし、財界にも政界にもそれを奇貨として米を自由化すべきだといった危険な動きがあった。しかし、ＲＭＡの提訴は、日本の財界の農政提言、米審後の報道ぶり等に動きを合わせたものであり、内圧により生じた外圧ともいえる。ＲＭＡのギァバート副会長が、「ここ六か月間、私の手元に届いた日本の新聞を見ても、各新聞が『いまこそ、世界の平均より一〇倍も高い日本のコメ政策を変える時がきた』と書いている」と答えているのが好例である。

日本の食料政策は、外国の圧力によることなく、まして、わずかの外貨を減らすためにでもなく、日本の農業をどうするかという観点から考えられねばなるまい。

イギリスの凋落

穀物条例の廃止は歴史の小さな流れとしてはとどめようがなかったであろう。その後、イギリスは、保守党と自由党の二大政党がほぼ交互に内閣を組織し、グラッドストーン、ディズレーリ等の名宰相の下、世界史上類例を見ない強大な国となった。しかし、二〇世紀を迎え、在位六五年に及ぶビクトリア女王が没するのと時を同じくして凋落《ちょうらく》の一途をたどることになった。

大英帝国が初めて対等の同盟関係を結んだのがユーラシア大陸を隔てた東洋の島国日本というのも何かの運命であろうか。勃興期の日本は、以後、強大な力をつけ、イギリスと同じ工業国に成り上がっていく。双方とも、大陸からみると後れた農業国であり、小さな島国にすぎない。日本は議院内閣制をイギリスに学びながら変則的な単独政権が続き政治的にも安定し、いまや経済的繁栄の極にある。

いったん、絶頂期を過ぎると、イギリスは坂道を転がるようにして没落していった。穀物条例を廃止したツケも十分に回ってきた。第一次世界大戦には、アメリカの手助けによりようやく勝てたものの、ひどい食料不足に悩まされ、アメリカのフーバー委員会の助けによりやっと食いつなげたという惨状である。その後の第二次世界大戦での食料不足という辛酸もかなりのものであった。これまた、アメリカの参戦により勝利したものの、国力はすっかり衰微し、もはや昔の面影はみられない。

一九六〇年のイギリスの穀物自給率は五二％、日本は八三％、それがいまや完全に逆転して、イギリスは一九七三年にＥＣ加盟以来、ＥＣの共通農業政策、保護農政の恩恵もあり、なんと穀物輸出国に転じたのに対し、日本は二八％を辛うじて維持しているにすぎない。

もちろん、イギリスの穀物は国際的にみて割高であるが、もう反穀物条例同盟は存在しないし、消費者も安いアメリカ小麦を輸入しろなどと騒がない。国家も国民も、あまりに多くを学びすぎたのである。

海洋分割・不自由時代の到来

この間、海洋の自由についても、グロチウス以来の考えは大幅な修正を迫られることになった。

きっかけは、一九五一年、イランのモザテク政権の石油国有化にさかのぼることができる。イランは一九〇一年の英イ協定以来長らくイギリスの支配下にあったが、これを契機としてアメリカがとって代わり、以後アメリカの大手石油会社がイランの石油を思いのままに動かすこととなった。これに対する反感が一九七六年のアメリカ大使館員人質事件、ホメイニ革命につながっている。

こうした動きに対し、戦後一斉に独立した発展途上国は黙っていなかった。一九六〇年にアフリカ諸国の多くが独立し、南の勢力は拡大し、一九六二年の国連総会において「天然資源に対する恒久主権決議」が行われている。つまり、政治的には独立を勝ち得たものの、自由貿易の名の下に自国の天然資源を北の国々に安く供給するばかりの役割には疑問を感じはじめたのである。

フランクの従属理論という理論的バックアップもあり、プレビッシュ等の活躍により国連貿易開発会議（ＵＮＣＴＡＤ）が設立され、南の国々も自国の資源を活用した工業化をめざすこととなった。

国際分業論の下では、原料供給国の南も工業国の北も同じように豊かになるはずであったが、南北格差は広がるばかりであった。そのため一九七四年には、新国際経済秩序（New International Economic Order）を求める声が湧き上がり、資源特別総会において宣言が行われている。

一方、公法上の海の資源についても、一九六七年にマルタ島国連大使パルドが「海は人類共有の財産」であり、深海海底のマンガン団塊等の鉱物資源は、貧しい南の国々のために使われなければならないと主張しだした。これを受けて、一九七三年から世界史上類例をみない大会議、国連海洋法会議が開始され、海をめぐるあらゆる問題が討議された。

日本が深くかかわったのは、領海一二カイリ、二〇〇カイリ漁業水域問題であったが、最後まで紛糾したのは、全くの無主物である深海海底鉱物資源の開発問題であった。強者ばかりが利益を受けてきた海洋自由の原則は、一二カイリ領海、二〇〇カイリ経済水域により大きな制約を受けるとともに、従来、全くの無主物であった公海下の資源の開発まで、自由が制限されだしたのである。世界一の強者アメリカは、一九八〇年の採択にあたり反対票を投じて、海洋法条約に参加しないことになった。

アメリカの参加しない国際条約は実質的に意味を持たない。海洋法条約は、発効要件に六〇か国の批准を課しており、いくら発展途上国がこぞって加入しても二〇世紀中の発効は無理と考えられていた。日本を含め先進国はたかをくくっていた。

しかし、思わないところで歴史は動いていく。

より身近な漁業の世界において資源の枯渇が顕在化し、発展途上国が急速に二〇〇カイリ排他的経済水域内の権利意識を持ちはじめ、次々に海洋法条約を批准しだし、一九九四年一二月に発効条件を満たし、一年後に発効することになってしまった。かくして、かつて二〇〇カイリ漁業水域に大反対していた日本も海洋法条約を批准し、排他的経済水域を設定することになった。

もちろん商船の航行の自由は保証されているが、二〇〇カイリ内の海洋水産資源や大陸棚の石油は沿岸国のものとなった。放っておいたら技術力・資金力で圧倒的に勝る先進国がすぐ近くまで来て、根こそぎ自分のものにしてしまうからである。船舶の航行ぐらいまでは自由にしておいてもよいが、資源開発は沿岸国の権利として認められることになった。つまり、強者の論理は海の世界には通用しなくなり、逆に、環境を守り資源を保存する抑制の論理が求められだしたのである。こうして、グロチウス以来三〇〇年余、ライバルのセルデンすら予測しなかった新しい事態が出現したのである。

つまり、かつては万人のものであった海も第一義的には沿岸国の管理におかれ、最終的には世界の万民のため、さらにはその子孫のためにも保全され、有効活用されねばならなくなった。海洋水産資源でいえば、皆のものは誰のものでもなく乱獲されやすいという「共有の悲劇」を放っておくわけにはいかなくなった。そればかりか、総資源量（魚がいる総量）をもとに漁獲量を規制する仕組みが、海洋法条約により世界のルールとされたのである。いわゆる総量規制であり、自由な漁獲競争には任せられなくなったのだ。

資源問題、とくに資源枯渇問題は、環境問題の最たるものであり、漁業の世界では資源枯渇のおそれからいち早く自由競争が否定されたのである。そして、これがありとあらゆる産業に波及していくのは時間の問題であり、その典型は炭酸ガス（CO_2）の排出を抑えるという地球温暖化防止条約である。工業の世界にも環境面からの制約により、生産量ではなくCO_2の排出量の総量規制がかかりつつある。地球は、人類に自由競争に任せる余裕がないほどに傷めつけられ、危険信号を発しているのであり、われわれは地球生命の存続のためにも、海洋自由そして有毒ガスの排出の自由を制限していかなければならない。

そうなると、エネルギーを大量消費し輸送に伴い膨大な排気ガスを排出する食料の貿易など、真っ先に制限される筋合いのものとなる。つまりは自由貿易の否定につながっていくことになる。そして、二一世紀にはそうした大変革が必要とされることは間違いない。

食管法のあっけない幕切れ

われわれは、長らく自由競争の論理の下に繁栄を謳歌《おうか》してきたが、二〇世紀の後半にいたり、その論理が大きく後退しはじめた。一つは前述の資源・環境の制約であり、二つには南の国々の自立の動きである。自分の国の資源は、まず自国民が豊かになるために使うべきであり、北の工業国の原料供給者の地位に甘んじてはならない、という断固たる姿勢である。マレーシア、インドネシアが丸太の輸出禁止を行ったり、産油国が自ら精製しようとする動きである。

また、かつてのプランテーション（先進国が植民地などで経営した大農園）農業にみられるような、国内用の生産を犠牲にしてまで輸出用産物を作るといった飢餓輸出的動きは影をひそめ、自給ないし自立の途《みち》を歩みはじめている。かつて恒常的食料輸入国だったインドネシアもインドも、主要食料の国内自給を達成したのである。そして、これが輸出先を失ったＲＭＡの対日米《こめ》自由化要求の引き金にもなっている。

ＲＡＭの二度にわたる提訴、そして財界のあの手この手の圧力にもかかわらず存続し続けた食管法も、意外に早く、かつ、あっけなく廃止の憂き目にあうことになった。

一九八六年から開始されたウルグアイ・ラウンド（ＵＲ）農業交渉において、ミニマム・アクセスなる珍妙な理屈が唱えられだした。全面的に輸入を禁止している品目でも最低、全消費量の三～五％は輸入すべきだという理屈である。何のことはない、日本の米をターゲットにしたものであった。

アメリカは、何度となく日本と農産物自由化交渉を行い、そのつど日本が折れ、一九八八年には牛肉、オレンジの自由化も約束していた。残る大物は米だけであった。ところが、アメリカはいつも「米には手をつけないから」というのが、二国間交渉における殺し文句であった。いかに図々しいアメリカでも、二国間交渉で正面切って米の自由化を要求するわけにはいかなかった。そこでうまく利用されたのが多国間の交渉、すなわちURである。日本は世界で最も国際約束に忠実な国であり、まさにその盲点をつかれたかたちとなった。

一九九三年一二月一五日、日本もUR合意を受け入れることとなり、米について関税化の特例が認められ、一九九五年から六年間にわたり関税化が回避され、その代償としてミニマム・アクセスを四~八%で受け入れることとなった。だからといって食管法廃止には直結しないが、一九九四年秋の臨時国会で「主要食糧の需給及び価格の安定に関する法律」(いわゆる新食糧法)が制定され、食管法は廃止されることになった。

凶作下の開放という巡り合わせ

皮肉なことに一九九三年は、作況指数七四という未曾有の不作の年であった。一八四五~六年と二年続きの凶作が続いたイギリスの状況と酷似している。とくに労働者階級の主食だったアイルランドのジャガイモは、単一品種の栽培がたたりすべての畑に病気が蔓延《まんえん》し壊滅的な被害を受けた。余談になるが、後に大統領を生むケネディ家も、またレーガンの祖先も、この飢饉《ききん》を契機としてアメリカに移民している。そしてこの現実の惨状こそが穀物条例廃止、穀物の輸入という選択に導く導火線の役割を果たした。

日本の場合、一五〇年後のことであり、そこまでひどくはなかったが、一九九一年度も不作で持ち越し在庫量が少なかったこともあり、著しい米不足が生じ、産地では一九九三年産米のほとんどが自主流通米として流通し、不正規流通もみられた。戦後以来久しぶりの米不足であり、平和と安定の上にあぐらをかきどおしの日本国民も少なからず食料危機を経験した。

政府は、一方で米輸入自由化阻止の課題としていたUR農業交渉が最終段階を迎えている最中の九月三〇日、米の緊急輸入を決定した。しかし、一時的に米の消費地への出回りが遅れ、米の価格が急騰した所もあった。また、輸入米と国産米のブレンド販売といったミスも重なり、消費者の不満が高まった。そして、これにより生産者にも消費者にも食管制度に基づく不信感や不公平感をもたらし、食管制度の廃止の声につながった。ただ、国民が一九七三年のオイルショックの頃のトイレットペーパーの買い占めといったパニック状態に陥らなかったのは、文句は言いつつ食管制度により国が何とかしてくれるはずだという安心感があったからと思われる。

食管法は、前述のとおり時代の変化に応じて逐次改正をされたとはいえ、戦時下に制定された統制色の強い制度であるとの批判があり、また相当量の不正規流通米の存在や抑制的に買入価格が決定されてきた政府米の集荷難と自主流通米の増大など、現行の米管理システムと現実との乖離《かいり》が指摘されていた。さらに規制緩和や内外価格差の縮小・解消を求める世論の動きを勘案すれば、食管法の廃止は時代の流れとして仕方のないことであろう。

新食糧法により、生産者の政府への米の売り渡し義務が廃止され、他の農作物と同様に自由に販売できるようになった。出荷取り扱い及び販売を行う業者も指定・許可制から登録制になるなど、流通も大幅に多様化、弾力化された。かくして五〇余年に及ぶ食管法による米の統制はほぼなくなった。

島国イギリス・日本の類似性

穀物条約の廃止後一五〇余年、食管法が廃止された。両者とも国が工業国家、貿易国家として隆盛を極めていく過程において存在した。

前述のとおりイギリスはその後も繁栄を続けたが、一九〇一年に在位六五年のビクトリア女王が亡くなると時を同じくして、凋落《ちょうらく》していった。日本でも一九八九年に在位六四年に及んだ昭和天皇が亡くなられた。しかし、時あたかも日本経済の絶頂期であり、イギリスとは少々違っているようにみえた。ところがそのバブル経済はいつの間にかその名のとおり泡と消え、一九九〇年代に入ると一転不況となり、複合不況ないしバブル崩壊不況が今日まで前例のない長さで続いている。

イギリスは、穀物条例の廃止により完全な自由貿易国家となり、コブデン、ブライトを中心とするマンチェスター学派は理論的にも自由貿易と平和主義の理念を確立していった。日本は約一五〇年後、まったく同じ道を歩み、少なくとも平和な時代に原料を輸入して製品を輸出して生きていく加工貿易立国には本家以上に成功した感がある。

しかし、歴史はくりかえし、昭和天皇の死去とともに輝かしい時代も過去のものとなりつつあるような感が漂いはじめている。ビクトリア女王の死去とともに凋落したイギリスと同じである。穀物条例と同じく食管法は廃止され、日本も遅ればせながら自由貿易の旗頭の資格を得たとたん、大不況である。イギリスがしばらく繁栄を謳歌《おうか》したのと大違いである。

さて、わが日本は一体どういう途を進むべきなのか。

残念ながら、食管法の廃止は大きい変革を伴う契機なのにもかかわらず、イギリスと異なり新しい社会のシステムをどうするかの議論などまったく起きていない。二一世紀を日前にして、ただただうろたえるばかりである。

私は、海洋の自由と同様に、貿易の自由にも強者としての自制が必要であり、もはや徒《いたずら》に外に向けて噴出していく時代ではないと考えている。この点については第5章に譲り議論は避けるが、ここらで一歩足を止めて、二一世紀の生き方を考えてみる必要がある。

内在する豊かな資源の活用

常識となった「持続的な開発」

最近「Sustainable Development」という言葉がはやっている。これは「持続的な開発」という意味で、資源と環境をきちんと考慮して開発を進めないととんでもないシッペ返しを受ける、ということだ。リオデジャネイロの地球環境サミットでは合い言葉になっていた。

しかし、これは第一次産業、とくに水産業界ではすでに常識のこととして理解されていると思う。

まず農業についてみてみよう。農業の起源は一万年前。人類は四〇〇万年前に誕生したといわれているが、ほとんどの期間は狩猟採取生活をしていた。ところが、一万年前に自ら食料を作り出す術を考えついた。これが農業である。

環境との関係について農業関係者は、

「日本の農業は環境保全に役に立っている」と言っており、事実、そういうところもあると思う。しかし、自然の最も安定した状態である森林を破壊し、人間の都合のいい田畑に変えているという点では、面的な森林破壊をしていることになる。しかも、肥料や農薬を投入して土壌を汚染している。

次に、工業はどうかというと、原料のほとんどを外国に頼っている。鉄鉱石や石炭は鉱物資源で、使い続ければいずれは枯渇する。現在の水準で消費していけば、石油は四五年、天然ガスは七五年、鉄鉱石は五〇年ぐらい、石炭でも二〇〇年間の使用分しか埋蔵量がないといわれている。その後をどうするかという問題がある。

しかも、工業の生産物の多くは輸出に回り、貿易黒字の増加で米国などと摩擦を起こしている。環境汚染はというと、煙をまき散らし、大気、水、土壌など、いろんなものを汚染している。

養鶏・養豚業などの加工畜産はどうか。飼料穀物などの原材料を輸入し、加工しているが、加工を工場ではなく農家が行っている。牛や豚などを飼っている人たちは配合飼料を買い、それを牛や豚などに食わせて肉にしている。工業と非常に似ており、農業と工業の中間に位置している。

さて、漁業をみると、遠洋漁業は生物資源を工業と同じように外国へ行って獲ってくる。

かつ、生物資源だけではなく、石油も消費して遠い外国に行く。そういう意味では、工業と同じ枯渇資源を使っている。しかし、工業との違いは、輸入もし、かつ大半を国内で消費している点である。

養殖業は、農業に近いが、エサや排せつ物による海洋汚染という問題があり、万能ではない。一部の人たちは、

「養殖業こそ日本漁業の救世主である」

と言っているが、これもやりすぎると日本の海は魚の排せつ物だらけ、残ったエサだらけになってしまうおそれがある。たとえばエサを必要とするハマチの養殖業は、いわば海の加工畜産で、エサをやらないですむノリ養殖やホタテ貝養殖が「海の耕種農業」といえるかもしれない。

自立度高い栽培漁業、林業

自然への負荷がいちばん少ないのはふ化放流事業、いわゆる栽培漁業である。これは林業と似ている。林業は最初だけ木を植え、あとは自然に任せる。そして資源を増大させる。しかし、間伐をしないと木は大きく育たない。それに対し、稚魚の放流は植林と同じだが、育つかどうかは不明であり、あとは自然に任せるしかない。つまり間伐は不要の分、不確

実な面が多い。

外国への依存度という点からみて、どれがいちばん自立しているかというと、栽培漁業と一部の養殖業、それに林業が一番といえる。二番目が農業、三番目が沿岸漁業で、原料も外国に依存し、消費も依存している工業がいちばん自立に向かない。養鶏・養豚業も原材料をほとんど外国に依存しているということで最下位に近いといっていい。

永続期間というのもこういった順番になっている。それから環境負荷がないものの順番もこれに同じだ。

こうみていくと、いちばん理にかなったものは栽培漁業とエサのいらない養殖事業だ。このように「持続的開発」ということは、工業でも農業でも、どこでもいわれている。人類全体についていわれているが、いちばんぴったり当てはまって、いい手本を示すことができるのは漁業界である。

ただ、いちばん安泰なのは林業だ。間伐の問題などがあるが、なんといっても日本に資源がある。開発途上国では熱帯雨林破壊が問題になっており、もう一〇~二〇年すると輸入木材がなくなるかもしれない。ところが、国内の木材は三〇年ぐらいしか樹齢がたっていないのが多く、あと二〇~三〇年したら伐採できるようになる。

「作物一年、木十年、人材百年」

というよくいわれる箴言《しんげん》がある。私は、これにもう一つ付け加えて、逆から、

「八百年、森十年、作物一年、工業製品一週間」

と言っている。短い期間のものから繁栄していて、長いものからダメになっている。子や孫あるいはひ孫のために木を植えることがないがしろにされ、立派な人間が育ちにくい社会となっている。森を管理することがバカバカしいといったことも言われるが、そんなことはない。じつは林業は、下手に人間の手が着いていない分だけましなのだ。

私は水産業こそ農林漁業の中でいちばん大変ではないかと思っている。「二〇〇カイリは大変だ」と言っていたが、公海漁業に切り替えたりして、漁獲量は伸びてきた。一二〇〇万トンを超えるところまでいった。けれども、その後はずっと減少し続け、とうとう六〇〇万トン台まで落ち込み、いま（一九九五年）は世界第二位になってしまった。このままだと高価な底魚は、獲り過ぎによって相当枯渇してしまう。

漁業の分野では、林業と違って「資源を守れ」とか「環境を守れ」というようなあたたかい声はない。それどころか、

「漁業権漁業はけしからん。関西空港を建設するときも、わけのわからない人たちが漁業権を主張してお金をふんだくって、けしからん」

という声が出たりしている。だからこれは相当性根を据えてやらないといけないことだ。

体は風土に合わせてつくられる

次に、水産流通・加工業界をとりまく状況について簡単にふれたい。アンケート調査を行うと、水産物の消費量増大の理由として「健康によい」という答えが上位にくる。一九九五年の『漁業白書』でも紹介しているが、驚くことにＤＨＡ、ＥＰＡというのを六〇％の人が知っている。ドコサヘキサエン酸とエイコサペンタエン酸という長ったらしい名前だが、ＤＨＡはとくに「頭の働きをよくする」ということが、いちばんよく知られている。

次に、どういうところを通じて水産物を買っているか全体の傾向をみてみる。従来は市場、水産物店経由というのが非常に多かったが、いまはマルチチャンネル化している。宅配便とか、直売もある。これは水産物だけでなく、青果物全体についてもいえる。こういう視点から宅配便がもてはやされているが、私はこれは本来の姿ではないと思う。宅配便は、あくまでもすき間産業であって、これがもっと盛んになれば、日本に車がいくらあっても足りなくなる。道路も足りなくなるので、これ以上ふやすべきではないだろう。

日本は世界中から農・林・水産物を輸入している。一九九〇年代の半ばには世界一の輸入量（金額換算）で、それぞれ世界全体の輸入量の八％、二〇％、三二％を占める。つまり、世界の二％の人口を占める国でしかない日本が、世界の水産物の三分の一弱のものを一国で輸入してしまっているという、罰当たりなことをしている。

私は、日本は自立すべきであると考えている。阪神大震災のように大都市に大災害が起きたら大変な事態になってしまう。日本はそういう点では国も都市も家庭も自立していない。子どもも親がいなければ何もできないというようになっている。これは非常に危険な状態ではないかと思う。

「身土不二《しんどふじ》」という言葉が最近よく知られるようになった。これは体と土とは二つに分けられないという意味だ。私たちの体は、その土地土地に合った体になっているということだ。

羽田《はた》元首相は、首相に就任されたときに「こんな国際感覚のない人が総理大臣になった」と、米国の新聞に書かれたが、なぜそう書かれたかというと、農林水産大臣時代に、「日本人の腸は長い。米国人と違うので、肉はそんなに食べられない」と発言したことがあるからだ。

しかし、これは医学的にも事実だ。欧米人とは日常の食べ物が違うので、体の仕組みが違う。

「身土不二」をいま風に言い換えると、「地産地消」ということができる。その土地で穫れたものをその土地で食べるのが一番いいということになる。

原始人は、肉ばかり食べていたのに、なぜ成人病にならなかったかというと、食べていたものが自然だったからだ。イヌイットなどは肉しか食べないのに成人病にならない。なぜかといえば、食べている肉が、人間が下手に手を加えていない天然のものだからだ。逆にいえば、われわれがいま食べているのは、人間に都合よく作り変えられた、いわば〝奇形牛〟〝奇形豚〟の肉を食べているということになる。

ところで、ライオンがシマウマを倒したらいちばん最初にどこを食べるか、子どものほうがよく知っている。腹の脂肪をまず食べる。なぜかというと、脂肪が非常に効率の良い栄養源であることを知っているからだ。人間の舌もそれを知っていて、うまいものは霜降り肉、トロ、高脂肪牛乳という具合で、すべて脂肪分の高いものだ。ところが、ライオンは必要な量を食べたらおしまいにするが、人間はどん欲で、ついつい食べすぎる。いまはお金さえ出せば毎日手に入るから、金持ちほど成人病と太り過ぎになる。

酒を飲むと赤くなる人間とならない人間の差はなぜ生ずるか。日本人の場合は五一％が赤くなり、四九％が赤くならない。ところが、欧米の人々は酒を飲んでもほとんど顔色ひとつ変わらない。なぜ民族によってこんなに差があるかというのを研究した人がいる。この人は一〇年ほど前にこの研究成果を発表したが、要は長年の食生活のスタイルの違いによるという。

北の民族は酒に強く、南の民族は酒に弱い。北の民族は冬は食べ物が獲れないので保存する。保存すると、発酵する。発酵の中にはアルコール発酵が含まれている。食べ物としてアルコール分をしょっちゅう摂《と》っているため、アルコール分解酵素を持つようになった。以上、いくつか例を挙げたが、このように、みんな、その気候風土に合った体になっている。

では、われわれはなぜ魚食民族になったか。これもいままでの話と同じで、魚が大好きだからじゃない。そこにあるからなのだ。

内在する資源の活用

私は一九九一年から三年間、フランスに住んだことがある。フランスといえばパン、イタリアに行くとスパゲティとかパスタということになる。フランスの小麦はパンになりやすいが、火山灰土壌で作ったイタリアの小麦はパンに向かないから、そうなる。

火山灰土壌の日本の小麦も、うどんにしか向かない。

つまり、どこの国もそこの風土に合った食生活をしている。われわれが小魚をよく食べるのも、体が欲するからだ。日本の国土の多くは火山灰の酸性土壌なのでカルシウム分解が激しく、小魚をいっぱい摂らないと骨が弱くなる。これが「身土不二」「地産地消」で、私たちは日本でできたもの、身の回りでできたものを食べて生きていくのが体にいちばん合っているということだ。

日本は資源がもともと豊かだ。日本がなぜ世界一の漁獲高を誇ったか。それはこの北太平洋の中に二五〇〇万トンという世界一の好漁場があるからだ。水産業はヘタをすると大変なことになる、いちばん問題の多いところにきていると私は思っているが、資源的にみたらたいへん恵まれたものだと思う。

日本は外国への依存体質ができ上がっているから、鉱物資源も食料も平気で輸入しまくっている。しかし、そこから少しずつ脱して、国内に内在する資源を有効活用してやっていく方向に変えていったほうが賢いのではないかと思う。輸入先《さき》国にペコペコする必要もなくなるし、内在する資源はきわめて安定的な供給源にもなる。

私は一五年ほど前にこうしたことを『農的小日本主義の勧め』（柏書房）という本で書いた（一九九五年に創森社から復刊）。

その本の中で、いままで述べた農業、林業、水産業のことを日本の国の生き方自体にまで応用して論を展開した。「農」というのは、なにも農業をしようと言っているわけではなく、環境保全的に、それから内在する資源を利用するということだ。外国に輸出することばかり考えずに、日本の国内で生きていくようなことを考えればいい。よその国の資源を買ってきて加工して売って、嫌われながら経済大国になっていくよりも、分際をわきまえてやっていたほうがいい、ということを論じている。

田舎にも三つ星レストラン

では、水産加工流通業界は一体どういう方向に進んでいけばいいのかという具体論に入るが、私は細かい点になるとよくわからない。しかし、一つ二つ、念頭においていただけたら参考になるのではないかということがある。

先ほども述べたように、日本には周囲に大漁場があって、生産状況としても非常に恵まれている。絶対に頭の中に入れておくべきことは、一億二〇〇〇万人の味にうるさい、おいしい食べ物にはお金に糸目をつけない国民がいる。かつ、国内で獲れたものがいいという。付加価値を高くするには普通は加工が必要だが、魚は何もいらず、ただ鮮度のいいものにしておけばよく、その意味で簡単である。

「地産地消」で、国内の海の「ここで獲れた」もののほうが消費者が欲するはずだ。だから、健康・安全志向の延長線上でやっていったらいいのではないかと思う。

もう一つ、私は、外食産業はたいへん有力な成長産業だと思っている。フランスのミシュランというタイヤの会社が出している本にレストランとホテルのガイドブックがあり、星を使ってランク付けをやっている。

それによれば、三つ星レストランというのはフランスで一九。二つ星が五〇ぐらい、一つ星が三〇〇ぐらい。いっぱいあるレストランの中でそれだけしかない。日本だと三つ星レストランは、ほとんどが東京、大阪、名古屋、福岡など大都市に集中するが、フランスは違う。

三つ星レストランは、パリには一九のうち五つしかない。あとの一四は田舎にあり、それが名物になっている。これも「地産地消」の表れだ。その土地でできたものをその土地で料理して食べるということだ。

フランスにはマルシェという朝市があって、野菜や魚、チーズ、肉などがトラックでどんどん運ばれてきて、魚などは日本より豊富だ。シェフやパリジェンヌが、みんな買いに来る。それがどこのアパートからでも歩いていけるところに三つぐらいずつあるようになっている。このように、食生活を大事にするし、原材料にもこだわる。

日本でも、米や魚の付加価値を高めるといっても限界があるのだから、さらに付加価値を高めるという意味で、みんな東京に送らず、その土地で食べさせるようにしたらどうかと思う。

たとえば三陸の塩竈《しおがま》なら、「塩竈には、新鮮な魚がおいしい三つ星レストランがこれだけある」と、人をどんどん呼べるはずだ。三陸の海域には非常に脂肪分の高いプランクトンがあるのだから、それを食べた魚は当然のことながら脂肪分が豊かでおいしい。こうした魚を東京に送るだけではもったいないことで、むしろ塩竈に食べに来てもらうというようなことを考えたほうがいいのではないかと思う。獲れたてを塩竈で食べたほうがおいしいのは明らかである。

週休二日制が完全に定着し、ハッピーマンデーもでき、日本にも欧米並みの休暇制度が徐々に浸透しつつある。もともと潜在的に田舎志向、自然志向があり、相当の人たちが休暇にゆっくりと農山漁村に出かけてくる可能性が強い。旅行には当然食べ歩きがつきものであり、フランス人と同じく食通の多い日本人は、本物の味を求めて旅するようになることは間違いない。これが地域振興にもつながることになる。

第2章 環境保全型農業への潮流

なぜ環境保全型農業なのか

一九八〇年代は、有機農業といっても、行政ベースではほとんど関心を持たれなかった。一九八九年に農蚕園芸局に有機農業対策室が設置され、一九九二年に環境保全型農業対策室に改組され、環境保全型農業が行政にもやっと認知されることになった。

こうして有機農業なり環境保全型農業ということが、ようやく日本でも行政ベースに組み込まれるようになったが、これは世界中で同時並行的に起こっていることのように思われる。

アメリカも有機農業を振興

アメリカでは、一九八八年、日本学術会議のようなアカデミックな学会の学者・研究者が「Alternative Agriculture」（代替農業あるいはもう一つの農業）というレポートを発表、有機農業を進めるべきだと先鞭《せんべん》をつけた。その延長線上に政府のリサ（LISA＝Low Input Sustainable Agriculture＝低投入持続型農業）という政策が位置づけられる。

日本の農業関係の学会で、有機農業をやるべきだというような論文を発表して、農業界をリードしてきた学者がいるだろうか。アメリカでは農民でも消費者でもなく、科学者がリードしてきた。ここに日本との大きな違いがある。

これに政府もいち早く飛びついた。その背景にはアメリカの財政赤字がある。農業保護のシステムはだいたいどこの国でも同じで、主要な農産物の価格を高めにする（価格支持）、あるいは生産調整をして不足払いをする。アメリカ政府も、ふえ続ける農業補助金の支出に非常に困っていたので、有機農業を振興することによって生産量を減らし財政負担を少しでも軽くしようと考えたことは明らかである。

ＬＩＳＡを各州政府でも採り入れた。もちろん農民はすぐには従わなかったが、やはり心ある農民というか、このままではいけないと感じていた経営感覚のある農業者は、これに乗った。

アメリカの農業は日本と比べたら信じられないくらい大規模で、一軒の農家で耕地面積は一〇〇〇ヘクタール以上、日本の農村の一つや二つスッポリ入ってしまう規模のものである。そこで大型機械を導入して、水をどんどん汲《く》み上げ、化学肥料・農薬を大量に投入する。仮に二億円の収入があったとしても、一億九〇〇〇万円はコストで出ていってしまう。実質所得率一〇％以下。したがって農家も倒産という悲劇にあう。そういう状況に農民はおかれているからだ。

一方、アメリカの消費者運動というのは、なぜか農業に対して攻撃をするということはない。大きな環境保護団体、自然保護団体、エコロジスト（環境保護を考える人）のグループがたくさんあって、産業界の反環境的な問題にはものすごく敏感に反応するが、農業があれだけ環境破壊的であるにもかかわらず、あまり文句を言わない。

ただ消費者の健康志向、安全志向には大変なものがある。煙草に対する急激な嫌煙権運動をみてもわかるが、マスコミでも健康関係のニュース報道は連日である。食べるものはどうあるべきか、ヘルスケアをいかにすべきか、有機農業もその関係ではよく取り上げられる。しかし、それも主として流通や加工段階までであって、生産者のところに強烈な抗議に及ぶということはないようだ。

ヨーロッパで有機農業が進んだ四つの理由

①消費者の安全
さて、私はＯＥＣＤ（経済協力開発機構）代表部に三年間勤め、ヨーロッパ農業も直《じか》に見ることができた。ヨーロッパでは有機農業を「Extensive Farming」（粗放的農業）という言葉でとらえている。その反対が「Intensive Farming」（集約的農業）。もっとも最近で

は「Environmentaly Friendly Farming」(環境にやさしい農業)という言い方も一般化してきている。

では、どこがこういう傾向をリードしてきたかといえば、やはり消費者がいちばん引っ張ってきたのではないかと思われる。

最もいい例は、成長ホルモンを使用した牛肉の輸入禁止である。成長ホルモンで子どもたちがおかしくなったらどうするんだと、ヨーロッパの消費者が言うことをきかなかったからだ。これは国際問題になってECがガットに提訴して、結局、ECが負けた。

日本の制度だと、厚生省は伝統的に人工と天然を分け、成長ホルモンも人工は禁止し、天然は使用を認めている。ECは一切禁止されている。アメリカは当然、両方使っていいことになっている。

アメリカは、せっかく牛肉を自由化して売り込んでいる日本でヨーロッパと同じことをされることを恐れたが、日本ではそのような反対運動は起こらなかった。最近の遺伝子組み換え食品に対するEU諸国と日本の消費者の対応がほぼ共通であることを考えると、きわめて奇異な感じを免れない。

EU同様、内外無差別ということで、日本も人工ホルモンを使用した牛肉は輸入禁止にしてもいいはずである。しかし、アメリカはもちろん受け入れないだろう。アメリカは、人工でも天然でも組成が同じだったら効果は同じじゃないか、なぜ人工と天然と分けるのかという理屈である。これも一理ある。ところが、日本は昔から、食品添加物にしろ天然のものはいいが人工はいけないということになっている。ＥＵのように輸入の禁止をしたければ、国内の生産者にも一切の成長ホルモンを禁止しなければならない。そこが諸般の事情でできないでいる。

しかし世界の方向は、消費者の安全を考え、できるだけ変なものは使わないという方向に確実に向かっている。そういう意味ではヨーロッパが一番進んでいる。

②水質汚染対策

もう一つ、ヨーロッパで有機農業が進展する大きな原動力となっているのは、水である。ヨーロッパではもともと水の質が良くないから、多くの人は水道の水を飲まず、ペットボトルに入った水を買ってきて飲む。雨量も少なく地下水が浄化されないので、ますます水の汚染が進む。肥料や農薬による水質汚染の問題も当然起こってくる。これではいかんということが、有機農業にすべきだという機運につながっている。アメリカほど顕在化していないが、硝酸態窒素によるブルーベイビーの問題も一つの背景となっている。

③財政赤字の改革

三番目はアメリカと同じで、ＥＣの財政赤字の改革である。ＥＣでは農産物六四品目に輸入課徴金をかけて保護し、一方で余ったものに補助金を出して輸出を奨励していた。相当の財政負担となっているから、これをいかに抑えるかが問題にされ、ガット・ウルグアイ・ラウンドの解決もこの方向で完全に動いてきた。そしてその一つの妥協案として、粗放的な農業にすれば、収量が落ちるので都合がいいという、アメリカの農政が有機農業を取り入れるのと同じ原理が働いている。

実際には行政官がどれだけ有機農業を理解し、将来性を認識してこういうことに取り組んでいるのかわからないが、私はそれでいいと思っている。本当は、理念と実践が首尾一貫していたほうがよいが、理念は多少違っても何もしないよりずっとましである。

④農村の景観維持

さらに四番目に、ヨーロッパでは農村の景観維持という視点がある。

日本の場合、農業を保護する理由として、食料安全保障一辺倒だが、ヨーロッパは農業を保護する目的の一つとして、景観の維持を強く主張している。農村が乱開発されて変な景色になったりすることを国民は許さない。景観というよりも、景観を含めた農業環境の維持、農村地域社会を維持するという強い意志があるようだ。これはヨーロッパに住んでみて、初めて納得した。いま、日本も農業の多面的機能ということでやっと歩調を合わせることになった。

その意味ではヨーロッパの美的感性は、われわれの予想をはるかに超えている。街の景観を見ても、それはわかる。街に看板や電柱はない。シャンゼリゼ通りやセーヌ川には厳しい環境規制があり、風致地区には建物の階数制限がある。街路樹も飾り窓も、みな調和を考えて美しく町がつくられねばならないのだ。

環境問題に敏感なヨーロッパ

ヨーロッパで進展する有機農業の動きが活発な背景には、そういう文化的なことも含めて環境を大事にしようという意識がある。とくに北欧は環境に非常に熱心で、ノルウェーのブルントラント首相が中心となって、国連に環境と開発に関する世界委員会が設置され、いわゆる「維持可能な開発」に向けた報告書がそこでつくられたくらいである。

自然を守るという意識はアメリカでも強いが、それは必ずしも欧米で環境教育が熱心だからというわけではない。非常に脆弱《ぜいじゃく》な自然というものを身近に見て接しているからなのではないかと思われる。日本のように、太陽と雨の恵みをいっぱい受けた、半分、亜熱帯の自然条件の中では、たとえ自然を傷めつけ汚しても、すぐに回復しきれいになるので、われわれは高をくくってしまっている。ところが、カナダとかフィンランド、ノルウェー、スウェーデンなどのような極地に近い脆弱な自然では、一度木を切ってしまったら一〇〇年たっても同じ木は育たない。だから必死で守ろうとするのだろう。

一九九〇年にブリュッセルでガット・ウルグアイ・ラウンドの閣僚会議が行われ、そこで初めて、北欧三国が共同提案して「貿易と環境」を議論しようということになった。それがいまではWTO（世界貿易機関）にも引き継がれ、OECDでも議論している。

北欧の国々が貿易のことばかりでなく環境のことも議論しようと提唱するのと同じように、オランダも環境問題に非常に熱心である。八～九年前の国際的な環境会議のホスト国はほとんどオランダだった。オランダも必要に迫られているからだ。たとえば、ライン川の下流に位置しているので、ドイツ工業地帯の汚れきった水がオランダに流れ込み、また地球温暖化で極地方の氷が溶けて海水面が何メートルか上昇したら真っ先に消滅する国はオランダなのだ。

農業においてもオランダは、平らな土地を利用して、より集約的な酪農、加工畜産、園芸を進めているから、家畜のふん尿で土地は窒素過多になり、農薬・肥料で土地は荒れてしまった。そこでいま、必死でそれを改めようとしている。だから環境問題が国民の世論を分ける大きな争点になっている。したがって生産量を下げてもいいから、集約的な加工畜産をやめ、ふん尿を減らそうとしている。また、尿がフェンスの代わりに掘られた溝に流れ込まないようにするため川から二五メートル離れた所にフェンスを張り、家畜を近づけないように変えつつある。もともと平らすぎて水が流れていかないので、ふん尿の臭いが漂う結果となっている。

ドイツでは、環境問題といえば緑の党が知られているが、いまや与党をはじめ既存政党が環境政策を相当採り入れているから、わざわざ環境問題だけを専門にする党としては、存在理由が希薄になっている。

スペインでも環境問題への動きがある。地中海地方に行くと、砂漠みたいな所がたくさんある。昔は緑があふれていたというのに、いまでは焼け野原みたいになっている。そこでスペインはＥＣの過剰生産を減らすという意向に沿って、一〇〇万ヘクタールの畑への植林計画を推進している。限界地での効率の悪い小麦の生産はやめようということである。

フランスの有機農業

フランスでは農家戸数が一九六〇年には一七七万戸だったのが、現在は七〇万戸弱で、三〇年前と比べて半減してきている。そのうち有機農家は三〇〇〇～五〇〇〇戸で、〇・五％程度にすぎない。ＥＣ全体では一万五〇〇〇戸ほどといわれている。

フランスはたいへん多様性に富んだお国柄で、ワインの数など無数にあるほど、いろいろな価値観にあふれている。したがって日本有機農業研究会（有機農研）のような有機農業者のまとまった団体はなく、いろいろなグループがある。もともと有機農業の歴史はあるのだからもっときちんとしていていいはずなのだが、どうも分派行動が多くてまとまりがない。

一九八〇年のフランスの農業法には、すでに有機農業の考え方が入っている。しかしその後あまり進歩はないようで、制度的には後発のアメリカなどのほうがしっかりしている。店頭でも日本ほど有機農産物の表示は見られない。それはなぜかといえば必然で、フランスの農業はもともとそんなに肥料や農薬を投与していないからである。降雨量が年間五〇〇～六〇〇ミリと少なく、パリのブーローニュの森では真夏でも外で食事ができるほどで、蚊のような虫が発生する水辺がない。だから農薬の使用量も少なく、もともと有機的に作られているのである。

フランスにはマルシェという朝市がある。野菜、果物、魚、チーズ、水などなど……、そこへ行けばどれほど新鮮で豊富な食べ物がそろっているかわかる。フランスがグルメの国、食べ物がおいしいといわれるのは、このマルシェに由来している面もある。食べ物のおいしさの基本は素材である。最近ではスーパーなども進出してきているが、高品質の素材の提供についてはマルシェは健在である。このような朝市を残しているのも、フランスの懐の深い文化の一つである。

日本の有機農業の特徴

日本では、農業者の面からいえば、昔からずっと有機農業をやっていた人もいるが、農薬・化学肥料を多投してまさに近代農法を一所懸命取り入れた人ほど、自分の体をこわしたりして有機農業へと転換していった。有機農業になぜ入ったかという理由に、自らの被害体験を挙げる人が意外に多い。

一方では、生産コストの削減ということもあるだろうし、最近では健康志向で有機農産物であれば安全で売れるということもあるだろう。また、とくに新規就農者には、自然と共生した働き方とか生き方といった人生観や倫理観から有機農業に取り組んだという人も多いし、環境問題そのものから入るということもあるだろう。

最近は有機農産物はビジネスとしても十分に成り立つようになった。不当な表示をしたりするインチキ商法は良くないが、お金になるからやるというのもそれはそれでいいのではないかと思う。動機がどうであれ、結果がよい方向ならしないよりはましである。

有機農業生産者と消費者団体が日本の有機農業運動をリード

農業界では、最近はともかく何年か前までは有機農業を無視してきたが、八〇年代より有機農産物の表示問題が出てきて、九〇年にはガイドラインができ、そしていまは改正JAS法により表示基準も法定されるに及び農協でも有機農業に取り組まざるをえなくなってきている。

さて日本の学会ではどうだったかというと、農業関係の学者は沈黙していた。その中で農林水産省の研究者では宇田川武俊さんが有機農業の研究発表をしていた。またエントロピー学会という学会で、槌田《つちだ》敦さん、槌田劭さんとか室田武さんなど、むしろ農業とは直接関係のない物理学者や経済学者が有機農業を提唱していた。

私も『飽食のかげの星条旗』（家の光協会、一九八一年）に収められた「二一世紀は日本型農業で」という論文の中で、「環境保全型農業」という造語を使い、同じような主張を始めた。

政界では、亡くなられた中西一郎参議院議員が、当初から日本有機農業研究会（有機農研）の会員として、一九八七年頃に「有機農業推進議員連盟」をつくられた。その頃からだいぶ風向きが違ってきたと思われる。その後、一九八九年に農水省に有機農業対策室ができて、九二年にはそれが環境保全型農業対策室になる。

しかし、実質的に、日本の有機農業運動をリードしてきたのは、有機農業生産者と消費者団体である。とくに日本の特徴ということでは、生産者と消費者が結びついた提携・産直が挙げられる。これは、一九九二年にOECDのワークショップ（意見や技術の交換・紹介を行う研究会）で有機農研の金子美登御夫妻が出席し発表したところ、アメリカ環境庁出身の事務局の課長が、「有機農業の将来のモデルだ」と絶賛した。

OECDも「農業と環境」を検討する時代に

最後にOECDの動きを述べると、OECDというのは先進国二九か国の国際機関で、農業も含めて世界の経済の共通ルールのほとんどはここで決められている。あのガット・ウルグアイ・ラウンドも、じつは勝負はすべてOECDの舞台で決定していたといってもいいくらいである。「環境サミット」と呼ばれた一九八九年のアルシュ・サミットを演出したのもOECDで、それが九二年の地球環境サミットにつながっている。

OECDにはいろいろな委員会があって、「環境と税制」「環境とエネルギー」「貿易と環境」「環境と経済」など環境ばやりなのであるが、九三年の秋にやっと「農業と環境」の合同委員会ができた。

ここでは①農業と環境の指標、②PPP（汚染者負担の原則）の農業への適用、③農業構造改革と環境、④農業と貿易と環境、について議論が開始され、いまも延々と議論が行われている。

たとえば、農業が環境を汚染している部分については生産者が責任をとらなければならないが、逆に農業が環境を保全・維持している部分もある。それには受益者である都市住民なり消費者が農業・農村にお金を払う。これまでこうした議論が本格的に行われてこなかったので、そうしたルールづくりのための議論を真剣に進めてゆくべき時代に突入したのである。

次期WTO農業交渉において、わが国やEUが多面的機能(multi-functionality)と言っているのはまさにこのことにほかならない。

自然の力を引き出す農業技術

長続きしないアメリカ型農業

私が、「日本型農業」などと唱して農業論を展開したのは、あくまで偶然の賜物《たまもの》であった。

一九八二年秋、私は「二十一世紀は日本型農業で――長続きしないアメリカ型農業」と題した小論を書いた（『飽食のかげの星条旗』〔家の光協会〕）。

当時は、いまの行政改革の大合唱の時代と似ていた頃であった。行政改革が叫ばれ、土光《どこう》敏夫というカリスマ的存在のもとで「第二臨調」（第二次臨時行政調査会）が華々しくスタートした直後であり、農業補助金が槍玉《やりだま》の一つに挙げられていた。そして、またぞろ、欧米の手法をまことしやかに紹介し、日本が後れているとする論が農業でも展開されていた。

私はものを書くのが得意というわけでもなく、はたまた立派な論を筋道立てて説明できるわけでもなく、大それた論文など書いたことなどなかった。ただ長野県の何の変哲もない農家で生まれ育ったことから、普通の人よりは農業に対する思い入れが強く、かくあるべしということを常日頃から考えていたことだけは確かである。そこに、私が留学させていただいた米国中西部の農業を是とし、「四つの革命」とか「先進国型農業論」とか、マスコミ受けするキャッチフレーズを使って農業論を展開したグループが現れたのだ。

ほかならぬアメリカ農業を論じていたので、私も興味を抱かざるをえなくなった。何よりも、私のような者を採用し、かつ国費で二年間も留学させてくれた農林水産省、ひいては国家・国民に対し、何らかのお返しをしなければならないとも考えていたので、その農業・農政論を必死に読み、考えたが、どうしても納得することができなかった。

ことごとく私の価値観に反し、何よりも中西部での農業実地体験とそぐわないことばかりであった。一方的にアメリカ農業を礼讃し、その返す刀で日本農業をこきおろしているだけで、私が感じたアメリカ農業の収奪的、反自然的、刹那《せつな》的、非人間的、金儲《かねもう》け至上主義的な面など、まったく無視されているのだ。

わが国の農法のほうが合理的だ

最も基本的な違和感を覚えたのは、農業が自然とともにある産業であるということを忘れて、ひたすら経済効率さえあげればよいという論の展開であった。年間降雨量が六〇〇ミリの広大な農地と、一八〇〇ミリの狭小な農地とでは農法も作物も違って当然である。もちろん、自然条件の違いはあってもお互いに見習うべきことは多々あるとしても、やはりどこで作っても同じ鉄鋼ができる工業生産とはおのずと違ってくる。農業とはそういうものなのだ。

私は農家の生まれで、ずっと農作業を手伝いながら育ったので、アメリカ中西部でも農家に泊めてもらい、農作業を手伝ったこともあった。大型機械を駆使する小麦の収穫作業をしても、むしろ疑問のほうが湧《わ》いてきて、日本の農業を同じようにすべきなどと考えることはなかった。それを素直に前記の小論に書きとどめた。

世間の当時の関心は、強大なアメリカ農業の弱さを指摘する点に集中したが、私が力点をおいたのは、むしろ日本の伝統的農業の強さのほうであり、最終章の第一節は、「環境保全型農業の確立」というタイトルで書きはじめた。

いまや「環境保全型農業」は、わが国の関係者の誰もが口にしているが、私の知るかぎり拙論がこの言葉を使った最初のものであった。「有機農業」(organic farming)には魅《ひ》かれていたが、省内には拒否反応も多くあったことから、少々考えて、最も簡単な言葉で表現した。

外国では、後に「持続的農業」(sustainable agriculture)、「代替農業」(alternative agriculture)、「環境にやさしい農業」(environmentally friendly agriculture)、「粗放的農業」(extensive farming) など、いろいろ呼ばれているが、手前味噌《みそ》ながら、日本語としては「環境保全型農業」がピタリと思っている。

要は、自然を損ねることなく、自然の恵みを最大限に作り出す農業ということであり、世界中の農民が昔から腐心してきたことを現代風に素直に言葉にしただけである。根底にあったのは、われわれの祖先が営々と築き上げてきたわが国農業、農法にも合理的理論があるという考えであった(この間の経緯については、「農水省―若い力「21世紀会」は農政を変えられるか」〔前屋毅他著『官僚たちの熱き日々』アイベック刊〕に詳しい)。

「生産性」の問題――本当の生産とは何か

効率とか経済的課題を問題にするときはいつも「生産性」という言葉がまことしやかに使われる。そして、驚くことなかれ、農業も工業もサービス業も一緒くたに論じられる。私には、この出発点からしてどうしてもしっくりいかないのだ。どれくらいのお金を生み出しているかということだけの話ならわかるが、それは「生産性」とは異なる。野球とサッカーの点数を比べようがないのと同様、農業と工業の生産性はどうやっても比較できるものではないと思われるが、経済学の世界ではいとも当然のごとく比較が行われている。つまり、いまふつうに使われている生産性は、頭に何も加えなければ、労働生産性である。一時間働いてどれだけのものを生産できるかということになる。その生産もまだ物で測れるならいいが、サービス業にいたってはもう比較しようがないはずである。

純粋な生産とは、無から有を生じること——すなわち太陽エネルギーによって植物が大きくなり、それをもとに動物が大きくなること以外にないのではなかろうか。工業は物質の形を変えているだけであり、第三次産業は物とか情報を横から横へ流しているだけの話になる。つまり、本来の生産は何もしていないのだ。重農主義的考えである。

こうした考えは、欧米社会にも根強く存在し、商行為にはいつも一抹の後ろめたさが漂う。あのビジネス優先のアメリカでも、ユダヤ人が経営者で株式も公開していない穀物商社以外には商社が生まれてこない理由は、まさにこのきわめて当たり前のキリスト教的倫理観にあるような気がする。自分の作ったものを売り込むのは正々堂々とできても、他人の作ったものを扱って上前をはねることを潔しとしないのだ。

したがって欧米でも農業補助金が財政を圧迫していることは問題視されてはいるが、日本のマスコミや都会サイドの言い分である「われわれの税金で農民を養っている」といった尊大な論調は、欧米社会ではついぞ聞いたことがない。物理的な関係をみれば、都会が地方に養ってもらっていることは明らかだからだ。

農業は土地生産性重視

農業は、林業、水産業と同じく自然とともにある産業であり、本来的に環境破壊をし続けてはやっていけない産業である。しかし、土地利用型農業（米、小麦の生産等）は、自然の最も自然たる状態（森林、草地）を人間の都合のいい作物だけを作る農地に変えるものであり、その時点ですでに環境破壊をしているのだ。いまも熱帯の各地で行われている焼畑農業を想起すればよくわかることである。したがって、基本的になるべく限られた農地で土地生産性を重視し、かつリサイクル的（循環的）に生産する農業が望ましいことになる。ヨーロッパでは、四〇〇年ほど前に森林を根こそぎ農地に変えてしまったが、そのダメージが大きく、現在は人工的に各地に森を復活している。また数十年単位で畑と森林の転換も行われているところもある。

日本は、よく山ばかりで平地が少なく農業生産に向いていないといわれる。大規模生産という観点からすればそうかもしれないが、ほとんど山林に覆われていたために乱開発ができず緑が残されたともいえる。もし平らだったら、乱開発マニアばかりの日本はとっくの昔に荒らされまくっていただろう。森林率は三分の二に及び世界有数である。これがむしろ二一世紀には強みとなってくるにちがいない。

つまり、農業は、他産業と同じように労働生産性ばかりで考えてはならず、何よりも土地生産性を考えなくてはならないのだ。規模拡大・連作型は労働生産性を追求した結果であり、土地生産性を追求するとおのずと集約型、循環型、複合型になる。

日本型農業の強さに気づく

私が訪れたイリノイ州の穀物農家は一二〇〇ヘクタールを所有していた。わが国の小さな村の総耕地面積をしのぐ広さである。たかだか一ヘクタールの米作農家の労働生産性と比べたら雲泥の差になることはわかりきったことである。

しかし、農業については、もう一つ、土地生産性のことを考えなければならず、むしろ重要なのは、限られた土地をいかに有効活用して永続的に生産を続けていくかということである。

わが国の農業関係者の一部は、農業は環境を守っていると言ってはばからない。そうした一面は、とくに棚田《たなだ》による水田農家には当てはまるとしても、農業は自然を人間の食べ物の生産に都合のよい田畑に変えてしまっているのであり、一歩間違うと大きな環境破壊になってしまうおそれがある。

その意味では、森林を切り拓《ひら》き、防風林も何も残さず、一面小麦畑にしてしまったアメリカ中西部は度を越しているのだ。

その反対に、平野がほとんどなく、国土全体の一五％あまりの農地にしがみつきながら、必死で多くの作物を作ろうとしていたわが国農業のほうがずっと理に適《かな》っていることになる。

前者については、ブラジルが、「熱帯雨林を残せ」と言うアメリカの環境団体に対し、「それなら中西部の畑を昔の森林に戻せ」

という反論になって表れている。

しかし、後者について気がつく者は、農業関係者の中でも驚くほど少ない。まして、日本農業を劣っていると決めつけ、外国の農産物をどんどん輸入してもかまわないとしている人たちは、日本型農業の強さなどとても考えつかないことである。

「持続性」を忘れたアメリカ型農業の危険性

前述のとおり、私がアメリカ型農業に対して日本型農業を対比し、その要素の一つとして「環境保全型農業」という言葉を使ったのは一九八二年秋だったが、アメリカでも八〇年代後半になると科学者が「代替農業」(alternative agriculture) と唱して、化学肥料・

農薬をなるべく使わない農業の重要性を言いだし、在来農法を「化学農法」(chemical farming) として問題にしだした。

そして、九〇年代になって「LISA」(Low Input Sustainable Agriculture＝低投入持続型農業) なる用語が使われだした。アメリカ農業の問題点をまさに浮き彫りにしたキャッチフレーズであった。折からの農業不振もあり、粗生産額は大きいものの、水代、肥料代、農薬代とコストが九〇～九五％もかかる農業は経営的にも成り立たなくなりつつあったのだ。私は、このポピュラーな女性の名前、「リサ (LISA)」の中に使われた「持続性」(sustainable) という言葉にむべなるかなと感じざるをえなかった。

アメリカの農家で、私が、

「私の実家では一ヘクタール余の農地にリンゴ、モモ、アスパラガス、米を作っている」

と言うと、中西部の大農家は一様に、

「箱庭で趣味の農業をしているのか」

と笑った。それで専業農家だと言っても誰一人信じようとしなかった。われわれが、一二〇〇ヘクタールの巨大な農地を擁する農業経営が頭に浮かんでこない以上に、彼らは日本の一ヘクタールそこそこの複合経営など思いもよらないのだ。幸い私は、この二つを実体験によりつぶさに比較できた。

そしてもう一つ、日本型農業論、あるいは環境保全型農業論に役立ったのは、ワシントン大学海洋総合研究所で学んだことであった。最終的には「海洋法」について取り組んでいくことになるのだが、最初は海の科学的仕組みから叩《たた》き込まれた。日本にはみられない、典型的学際的研究所であり、海の社会学的問題を担うプロを育成せんとするプログラムが組まれていた。そこで、漁業資源管理の理論をたっぷりと教え込まれ、「最大持続生産量(Maximum Sustainable Yield＝ＭＳＹ）理論」なるものを耳にたこができるほど聞かされた。

しかし、これはなにも難しい理屈ではない。魚をいまいくらでも獲れるからといって一《いっ》時《とき》に獲り尽くすことなく、来年、再来年のことも考えて親魚を残して獲れ、という単純なことである。わが国沿岸漁民が守ってきたルールと同じことを資源管理学的に表現しているだけの話なのだ。

これを農業に当てはめると、連作障害を回避すべく輪作したり、少し休ませて土づくりをすることであり、林業になると、木を伐《き》ったら植えておくという皆が昔からしていることである。自然の力を助けて、人間につごうのいいものを作り出している農林漁業にとっては当たり前のことなのだ。

私は、海洋総合研究所で教え込まれたこの「ＭＳＹ理論」をアメリカのどの地に行っても忘れられなくなった。そして中西部でもその年の最大生産量（ＭＹ）のみを追い求め、「持続性」（Ｓ）を忘れるアメリカ型農業の危険性ばかり気になってしかたがなかった。

つまり、工業生産はある時、ある場所での最大生産量しか考慮に入れておらず、「持続性」など、はなから考えていないのだ。いまの世の中では刹那的な利益こそ重視され、長期的なことなど考慮しえなくなっている。しかし、ここでも四半期ごとに株主に利益を上げることを強いられるアメリカ型経営よりも、長期的視点に立って考えられる日本型経営のほうがよいということを、日系人学者ジョージ・大内が指摘しつつあった。

地球にやさしい持続的開発を

こうした一時の経済的効率のみを追い求める姿勢の反省の上に立って唱導されだしたのが、「ＳＤ」（Sustainable Development＝持続的開発）という考え方である。

一九九二年のリオデジャネイロの地球環境サミットのキーワードとなり、国連に特別の委員会までできており、いまや工業も含めて世界全体で「持続性」（Sustainability）を考えなければならなくなったのだ。

地球の資源にも限りがあることはつとに指摘されていたが、鉱物資源はなんとか間に合っても、環境の容量を超えるゴミが、そしてCO_2が排出され、地球の生命の存続の危機のほうが先にきてしまったのである。

われわれは、いま、二一世紀を目前に控え、二〇世紀に大繁栄した大量生産・消費・浪費型社会の大転換を求められているのだ。そして、二一世紀の世界的問題である人口、環境、食料・エネルギーといった大問題を解決するカギは、第一次産業なかんずく農林水産業が握っており、私たちは第一次産業を復活させ、一国も早く地球にやさしい持続的社会を実現させねばならない。この思いを一九九五年に『第一次産業の復活』（ダイヤモンド社）にまとめてみた。

総量規制時代の到来

一九七二年、ローマクラブが『成長の限界』により資源に限界があることから、このままの成長はできないとして、世界に警鐘を発した。しかし、その後も成長願望は消えず、世界は成長は続いたし、ほとんどはその重要性を忘れかけていた。しかし、いまや資源問題の前に環境がおかしくなり、地球の生命自体の存続が危うくなりつつある。二一世紀を目前に控えたいまは、目前の経済成長などよりも、もっともっと大切なことを考えねばならなくなった。

ただならぬ状況にやっと気づき、世界中に警告を発したのは、一九八七年のブルトラント委員会の持続可能な開発（Sustainable Development）である。

その後、一九八九年、フランスの故ミッテラン大統領がフランス革命二〇〇年目に当たるパリのアルシュ・サミットにおいて、見事に「環境サミット」を演出した。七か国の先進国首脳が主として政治、経済問題について議論する場で、地球環境問題の議論に大半の時間が割かれることになった。そして、CO_2による地球温暖化、フロンガスによるオゾン層の破壊、森林、とくに熱帯雨林の消滅等についての議論が開始された。その集大成が、一九九二年の地球環境サミット（リオデジャネイロ）である。

環境問題と一口に言っても幅が広い。アルシュでは、地球温暖化(CO_2)、森林、オゾン層の三点が象徴的に取り上げられた。

環境を守るためにまず考えられる規制は、諸々の行為を規制することである。たとえばオゾン層を破壊するフロンガスの使用・製造を禁止することである。しかし、CO_2のようにどうしても出てしまったものは厄介であり、なるべく多く出さないような規制が必要となり、まずはいわゆる入口規制（input control）が導入される。車にマフラーをつけたり、このガソリンを使うなといった類である。ところがたとえば車が一〇〇〇万台の時は通用しても、五〇〇〇万台になると別の強い規制が必要となり、最後には出口規制(output control)すなわち、CO_2の排出量そのものを規制することが必要となる。入口規制では始まらず、ともかく出口で、総量を抑えなければ埒《らち》があかなくなってしまったからだ。つまり、総量規制こそ環境問題を解決する最後の切り札なのである。

この変化を簡単にいうとしたら、ここ一〇〇年ぐらい続き、いま、大手を振って歩いている成長第一主義からの脱却であり、とどまるところを知らない拡大膨張主義から持続性優先主義への転換である。

この考えを最も端的に説明できるのが漁業である。漁業資源の枯渇はまぎれもない環境問題だからだ。

漁業はいまも数万年前と同じく、人間が自ら生産することなく、自然の恵みを漁獲しているにすぎない原始的産業である。

養殖業が農業・畜産業と同類といえるが、それはごく一部であり、給餌《きゅうじ》残さいの海底への蓄積等による汚染を考えると、あまり理に適ったものとはいいがたい。またふ化放流事業も、環境問題にうといわが国では、カムバック・サーモン運動が子どもの環境教育としていまだもてはやされているが、欧米では自然の生態系を乱すものとみなされている。

漁業資源を守るため、入口規制として、漁船の隻数、操業区域・期間、漁法、馬力等が規制されてきた。しかし、技術革新といたちごっことなり、常に漁獲能力が資源量を上回り、その結果が資源の枯渇である。

「持続性」を維持できる世界の海洋漁業生産の限度は約一億トンといわれており、もうすでに限界に達しつつある。それどころか、世界のあちこちで乱獲と環境汚染により資源状況が変化しつつあるのが実態である。つまり、漁業の世界で真っ先に「MSY理論」が生まれたのは、真っ先に資源・環境の制約が生じたからにすぎない。

一九九六年七月二〇日、最初の「海の日」に「海洋生物資源の保存及び管理に関する法律」(通称TAC法)が施行された。二〇〇カイリの排他的経済水域の設定をした後、いわし、あじ等の魚種ごとに資源量を明らかにし、総漁獲可能量(Total Allowable Catch)以上の漁獲を禁止する法律である。

私は水産庁企画課長としてTAC法にかかわる一連の仕事を担当させていただいたが、私の価値観にもピタリと合致し、はたまた、アメリカ留学で学んだことを多少なりとも役立たせ、恩返しができたものと、深く感謝している。

各省折衝の折に、この規制緩和の時代、新たに管理法などという不謹慎な法律を出すとは何ごとかと、在来型の開発志向しか頭にない役所から指摘された。しかし、環境(資源)は、自由競争では守れず、規制しかないのだ。しかも行為規制では間に合わず、総量規制さえ必要となりつつある。

次のステップとして、養殖については、一定の範囲の湾ごとの許容養殖量を推定して、それ以上の養殖はしない持続的養殖生産確保法も一九九九年に制定された。過密養殖により海底がエサの残さいやふんだらけになり、赤潮が発生しては困るからである。

このような考えは、ありとあらゆる産業に必要となるが、やはり自然相手の農林水産業が最も入りやすい。農業の担う自然循環機能を喧伝《けんでん》するには、それに恥ない自制が必要である。

給餌養殖（エサを与えるハマチやタイの養殖）は、畜産業と同じである。区域を定めその中で何頭の家畜のふん尿までなら地下水汚染等を引き起こさないかという総量規制が考えられる。その延長線上で、窒素肥料の施肥量の数量も規制して硝酸態窒素問題に対処する必要があろう。

いずれの場合も、規制の前提となる科学的根拠が必要である。たとえば、TACでは対象魚種は資源量が把握でき、漁民に納得できる数量を示せる魚種に限られている。しかし、しょせん「海のもの」であり、それほど万全のものではないが、TAC制度はすでに世界の先進国がこぞって導入している。畜産についても、ECが一九九二年のマクシァリーのCAP（共通農業政策）改革において、家畜単位（Livestock Unit）をもとに一ヘクタール当たりの飼養頭数制限を行い、直接所得支持の要件としだしている。

とりあえず、第一次産業にこそこの考えが必要となったが、今後は、環境を守り、「持続性」優先の産業法がもっともっと必要とされることになろう。ＴＡＣ法はそのような法律のわが国の嚆矢《こうし》なのかもしれない。

環境にやさしい持続的な社会へ

アメリカでは、CO_2規制の延長で、自動車メーカーに二〇〇〇年までに数パーセントのエコ自動車の導入を義務づけている。フロンガスの規制といった単なる禁止から、生産過程そのものを環境にやさしいものとなるように誘導し、リサイクルを義務づけ、生産量を制限するといった類のものが必要となったのだ。

いま、公共事業の見直しが財政改革の俎上《そじょう》に上り、新幹線が最も見直すべきものとされ、逆に高速道路や空港が優先すべきものというのが通俗的な見方となっている。しかし、交通標語ではないが、狭い日本をそんなに急いでどこへ行く必要があるだろうか。妥当な交通手段として、拠点から拠点へは鉄道で行き、そこから先は排気ガスの少ない車というのが、二一世紀の日本の、環境にやさしく「持続的」な交通手段といえるのではなかろうか。

こうしたなだらかなシステムの改善の後は、なるべく不必要なものは作らないのが究極の「持続的」生き方であろうが、ここまで論述すると少々横道にそれすぎるので、別稿に譲ることにする。

日本の自然に合った農業

日本型農業を一口でいえば、日本の気候・風土に合った農業ということで、古くからいわれている言葉を借りれば、「適地適作」であり、「適地適農法」ということになる。そして、日本型農業を支える日本型農業技術もまた、日本の自然に合ったものでなければならない。その真髄は、環境保全型のものであり、「持続性」を備えたものでなければならない。

思いつくまま、そのイメージするところを挙げると、以下のとおりとなる。

種はF_1ではなく自家採種が原則

農業はやはり種から始まる。わが国でもメンデル遺伝学による交配育種が一九〇〇年代から始まり、あらゆる分野で品種改良が行われてきた。そして、いまやこの分野ではF_1(次の世代の種ができない一代雑種)が幅をきかしている。そして、遺伝子組み換え作物に対する強烈な拒否反応に比べると、消費者にはすんなりと受け入れられている。生物界に存在する自然のことと割り切られているからだろうが、生産者の立場からすると一考を要する。

農業の基本はやはり自賄いであり、農業機械のような生産資材だけでなく種まで他に頼るのは危険である。それよりも何よりも、どこの国にもどこの地域にも合う変幻自在の種など存在しない。わが国のようなバラエティに富んだ気候風土の国では、ダイコン一つにしても一〇〇種類を数える地域品種が存在した。植物とはそういうものであり、各地域に合ったものが自然である。育種はプロの研究者に頼るとしても、農民自らが再生産できる種、すなわち自家採種が原則である。さもないと一巨大種子産業にすべてを牛耳られることにもなりかねないし、ちょっとした気候変動にも反応できにくくなり、食料安全保障上も問題なしとしない。

日本の地域特有の品種は、突然変異等でできた優良品種を各地の農民が大事に育て、地域に根ざしていったものである。このようなことが今後もくりかえされる必要がある。作物は地域の気候風土により長年かかって作り出されていくものである。

日本の気候・風土に合った種苗・育種を

私が日本型農業論を考えたときに、どうしても浮かんでこなかったのが畜産業である。しかし、考えてみれば当然で、なぜかわが国には畜産業は育っていなかったのだ。欧米では三圃式《さんぽしき》農法（全農地を三つに区分し、その一に冬穀〔小麦・ライ麦〕、他の一に夏穀〔大麦・燕麦《えんばく》〕を栽培し、残りの一は休耕地として放牧し、年々この割り当てを交替させてゆく農法）のゆえに輪作で空いた土地の牧草を有効活用する必要があった。つまり、草を牛乳や肉に換えてそれをも食さなかったら生きてこられなかったのだ。それに対し、わが国は、米なり他の作物なり、人間に都合のいい植物を育てればそれで十分だったのだろう。

明治以降、畜産業はすべて欧米の借り物で始まった。種馬も種牛も種豚も、そして牧草もすべて冷涼で乾燥した欧米の地で育種されたものである。ホルスタインは、九州の熱い夏になると乳量を急に落とす。同じ乳牛でも、インドの水牛なり熱い気候に強いものから育種を続けるべきであろう。牧草はイタリアンライグラス、ティモシーと片仮名ばかりで、すぐ在来の雑草に負けてしまう。欧米の牧草は一度種をまいたら二〇年ぐらいは何もしなくてもすむという。わが国もやはり高温多湿に合った日本的牧草を作り出さなければならない。そもそも輸入物、借り物だけですまそうとするところに無理がある。

かつて北海道で米はできず、私の中学生時代は、社会科の教科書で米の移入県（自県で賄えなくて他県から米を持ってこなければならない県）だったが、いまや米の一大生産地となっている。寒冷地での米作りへの執念が実ったのであり、わが国の米の育種技術の勝利の賜物である。

米についてできることが、他の作物、他の家畜にできないわけがなかろう。

生物にはもともと厳しい自然の中で適応して生き抜いていこうとする性質があり、育種はそのプロセスを助けてやるだけのことであり、なにも自然の摂理に反するわけでもないし、格別難しいことでもない。

たとえば米の品種改良に注いだエネルギーを小麦にも注げば、ひょっとすると梅雨期の前に収穫できるものができるかもしれないのだ。そもそも小麦は年間降雨量が五〇〇ミリ程度の乾燥地帯が原産地であり、およそ収穫期の雨などに無防備にできている。気高く、まっすぐに上を向いた穂は雨を一身に受け止め、種にためてしまう。これが病気や発芽の原因となってしまう。種が稔《みの》れば稔るほど稲穂を垂れるのと大違いである。稲穂と同じく、雨を下に垂らしてしまう茎の小麦を作り出す手もある。これには、金と手間がかかるが、こうしたことにこそ国が力を入れるべきであろう。

自然をねじ伏せる技術から自然と共存する技術へ

世界の農業生産が大幅に拡大したのは、肥料が足りない栄養分を補給し、農薬が作物を病害虫から守ったことも大きな要因である。

いま、いきなり超理想的な化学肥料ゼロ、農薬ゼロにするのはできない相談である。しかし、体の健康のみならず、地球の健康を考えても、今後は減農薬、減化学肥料をめざす必要がある。それが、コスト削減にもつながることになる。

しかし、よくよく考えてみると、化学の進歩に頼って農業生産力を高めたのは、たかがこの一〇〇年間ぐらいのことにすぎず、人類は一万年前に農業生産を開始してから大半の時代は、そんなものに頼らずにやってきたのであり、今後は、方針さえ変えればいくらでも「環境保全型農業」による生産力の向上が可能である。

その後の生物学の学問の発展を考えると、自然の力を無機質でねじ伏せるのではなく、むしろ自然を助けて人間への見返りを多くしていくことのほうがずっと理にかなっている。つまり、有機質肥料の見直しであり、天敵関係等に着目した〝生物農薬〟の活用である。後者の例では、たとえばトマト栽培用のオンシツツヤコバチとイチゴの害虫のハダニを食べるチリカブリダニがある。

自然界では、さまざまな植物や動物が相互に存在しつつ必死で生存競争を続けている。ところが畑では、一種類のみの作物が作られるのだから、やはりかなり自然のルールには反することになる。仮に一種類の植物がはびこっても、遷移（サセッション）により、他の植物に移り、林になったりもする。したがって、畑作には連作障害はつきものとなり、三圃式農法なり、輪作（ローテーション）が必須となる。

自然界の力を十分に転換できるような輪作体系の科学、あるいは間作による連作障害の問題等の研究が将来ますます重要になるにちがいない。マリーゴールドとダイコン、夕顔（ウリ）に対するネギ科の作物等は後者の例であり、このような関係はたくさんあるはずである。

農薬は人体には影響ないということがよく言い訳に使われるが、虫を殺す農薬が大量になれば人にも悪いに決まっている。刑法の世界に「疑わしきは罰せず」というルールがあるが、農薬、肥料、食品添加物の世界では「疑わしきは使わず」が鉄則であろう。

自然をねじ伏せる科学から、自然と共存する科学への転換であり、生態系科学から発する農業技術はまさに「持続的技術」といえよう。

施設園芸・機械化にも許容限度がある

食卓から季節感が失せて久しい。夏の作物であるトマトやピーマンが冬でも食べられるのは、温室栽培のなせる業《わざ》である。われわれはいつでも何でも食卓に並ぶ食生活にすっかり慣れ切ってしまっている。

しかし、やはりこのような栽培方法は明らかに自然に反し、おかしいといわざるをえない。冬に冬眠する熊ほどではないが、われわれの体も冬には根菜類で足り、春や夏にできる野菜など摂《と》らなくてもよいようになっているのであり、ムダなエネルギーを大量に使用してまでも冬に夏野菜を作る必要はあるまい。一朝一夕には直らないにしても、せめて重油をたかなければならないような促成栽培はやめていくのが順当であろう。ブドウの雨よけ栽培なり、太陽光を利用したビニールハウスが限度のような気がする。

マルチングなどの農法にしても、あまり使いすぎて資源のムダづかいになるのは問題であり、また、廃棄処理に困るようでは問題である。日本の国土は生命生産力に優れ、すぐ雑草にはびこられる。雑草を退治するため除草剤をまくよりも、土を覆ってしまうのが合理的なはずだが、コストがかかりすぎたり土に返らない原材料に頼りすぎるのは農業的とはいえず、今後、工夫が必要となろう。

省力化の代表で万能にみえた農業機械にも意外な落とし穴があることが、つい最近明らかとなりつつある。大型機械が、土を踏み固め、微生物を殺してしまうという恐ろしい事態が進行していたのだ。「エロージョン」（soil erosion＝土の流亡）、「塩類集積」と並んで最近とくに弊害が顕在化しはじめた「ソイル・コンパクション（soil compaction＝土壌の踏み固め）」の問題である。自然界は、恐竜ののし歩いた時代はいざ知らず、一〇トンも二〇トンもするものが土の上を年に何回も往復することを予定していないのだ。つまり、尾瀬沼で立ち入り禁止区域が必要なのと同様なことが、じつは畑の微生物にもいえたのである。

施設園芸にしろ、大型機械化にしろ、そもそも製造にかなりのエネルギーが投入されている。そこに前者は暖房なり冷房に、後者は動かすのにさらにエネルギーが必要となり、総投入エネルギー量が総産出エネルギー量を上回ってしまっているケースが多い。

前述のとおり、太陽エネルギーにより無から有を生じることこそ生産であるという考え方からすると、エネルギー収支がマイナスになるような農業は本来の農業とはいえず、化石燃料の凋落《ちょうらく》とともにたちいかなくなってしまう。つまり、「持続性」がない点では工業となんら変わりはないことになる。したがって、需要が高いからといって、真冬に重油をたいて作る野菜や、栄養分を水に浮かして与える水耕栽培は、非「持続的」であり、推奨されるべき方向ではないことは明らかである。「LISA」ではないが、農業は、やはり産出エネルギーが投入エネルギーよりもずっと多くなければならないし、そのような方向に向かう技術革新でなければならない。

より自然で、より安全な食べ物を求めて

農業の研究の目的は、人間の生命の維持である。安いにこしたことはないが、それがために危険なものになっては本末転倒である。子孫の再生産に、より責任のある女性が、男性に比べ食べ物の安全性に敏感になるのは当然のことである。

もう少しくだけた言い方をすれば、農業の目的の一つは、より豊かな食生活を提供することにある。効率一点ばりで、安全性にも質にもあまり頓着《とんちゃく》しないアメリカ型農業を絶賛する経済学者等に、アメリカ料理が豊かな食生活といえるかどうか尋ねたい。おそらくアメリカ料理をうまいと言う者はおるまい。そこに、アメリカ農業の歪《ゆが》みが見えてくる。その反対に位置するのが、フランス農業であり、フランス料理である。質を求め、味を大切にしており、世界に誇れる三つ星レストランもフランスの健全な農業なるがゆえに存在するものである。

米仏両国の技術革新なり、農業への取り組み姿勢を比較してみると面白い。

たとえば、成長ホルモンは、アメリカでは自由に使われているのに対し、ヨーロッパでは全面禁止である。使うと、三〜四か月は飼育期間が少なくてすむが、ヨーロッパでは消費者が拒否し、生産者も使わせろなどという野暮なことは言い出さない。一時の成長は速くても、その肉を食べた哺乳《ほにゅうるい》類への影響は定かではないからである。これに対してアメリカは、科学的に危険性が証明されないかぎり、成長ホルモン使用牛肉の輸入を禁止するのはWTO違反だと主張する。ヨーロッパは、まさに「疑わしきは使わず」を実践し、アメリカは何でも効率一点ばりである。

この延長線上に遺伝子組み換え作物への対応の違いがある。アメリカは、交配育種と同じレベルで考え、何の拒否反応も示さない。ヨーロッパはあくまで慎重である。しかし、科学技術を優先し、現実的なアメリカでもさすがに遺伝子組み換えの人間への応用やクローン人間についてだけは、大統領自ら否定的な見解を示している。細胞からの再生は映画『ジュラシックパーク』の中だけにしておきたいのかもしれない。

生産・加工プロセスの表示

環境に敏感な欧米の消費者は、食品がどこでどのように作られたかを気にしだし、表示の世界においてはPPM（Processes and Production Methods）という用語が使われている。最終製品に何が含まれるかというのが従来の表示の概念だったが、生産過程そのものが環境にやさしいかどうかを問いだしたのだ。

典型例は、マグロ缶詰に表示されている「dolphin safe（イルカを殺していません）」という表示である。欧米ではマグロ漁は日本と異なり、巻き網で行われ、マグロがイルカと一緒に泳ぐ習性から海面に飛び出すイルカめがけて網が巻かれ多くのイルカが死んでいた。これを反捕鯨団体が問題視し、アメリカがイルカ巻きマグロ漁を禁止し、外国にも強要すべく、そうした漁法を獲り続ける国からのマグロの輸入を禁止した。ガットの貿易と環境をめぐるパネルに持ち込まれ、アメリカは敗訴したがまったく改めていない。

かくして、マグロ缶詰会社はかわいいイルカを気にする消費者を気づかって自主的に「dolphin safe」と表示しだした。マグロがどのように捕獲されようと中身が同じなのに、捕獲法そのものを表示しているのである。

これが有機農産物の表示にも広まり、どこでどのように作られたのかを表示するのが世界の常識化している。そして、日本でもようやくＪＡＳ法が改正され、生鮮農産品については原産地表示が義務化され、有機農産物も認証機関による認定を受けて表示される運びとなっている。

遺伝子組み換え作物への対応

いま、話題沸騰の遺伝子組み換え作物（ＧＭＯ：Genetically Modified Organism）はどう位置づけられるのだろうか。

ＥＵは強烈な拒否反応を示し、とくにイギリスでは、ブレア政権がバイオテクノロジーを二一世紀の戦略的科学技術と位置づけて振興に熱心なのに対し、狂牛病で科学者不信に陥った国民は完全にそっぽを向き、大手スーパー、外食産業はおしなべてＧＭＯを取り扱わないことを宣言し、それを売り物にしはじめている。そして、動物の権利でも最も過激で、羊のトラック輸送が可哀相《かわいそう》だと注文をつけ、鶏のゲージ飼いも一〇年後には禁止することまで約束させている。産業革命時に機械化に反対したラッダイト運動を彷彿《ほうふつ》させる動きである。

それに対し、アメリカは相変わらず進軍ラッパの吹きどおしである。ウシ成長ホルモンへの米、ＥＵの対応の違いとパラレルである。アメリカでは、大豆、菜種、綿花、トウモロコシの三〜五割がすでにＧＭＯに転換しており、農業者のみならず国民の大半も容認している。

ただ、一九九九年六月、ネイチャー誌にはＢｔコーン（土中のバチルス菌をトウモロコシに組み入れたもの）を食べたオオカバマダラ（Monarch Butterfly＝君主蝶と呼ばれ、三五〇〇キロメートルも飛来することで有名）の四四％が死亡したという記事が掲載されてからは少々動きが違ってきた。アメリカ人は、ＦＤＡ（連邦食品医薬品局）が安全性を保証するＧＭＯ食品を自分の責任において食べることになんら疑問も感じていないが、環境に影響を与えるとなると対応が違ってくる。日本人がもっぱら食品としての安全性のみあげつらうのに対して大きな違いである。トウモロコシの害虫のみならず、他の蝶も殺してしまうことには、拒絶反応を示している。

日本は、アメリカ牛肉にたんまり入っている成長ホルモンや抗生物質をまったく問題にせず、ＧＭＯについては異様に神経質で、ＥＵ並みの反応である。有害性が明らかになっている点では成長ホルモンや抗生物質のほうが問題は大きいはずである。また、アメリカのような環境への影響など眼中にない。もっぱら人間の健康のみへの心配から拒絶反応を示すバランスを欠く反応である。

一九世紀は化学の時代、二〇世紀は物理の時代、そして来るべき二一世紀は生物学の時代と呼ばれている。農業を無機質の化学物質に頼り、自然を傷めつけたり、ごまかして生産していくよりも、生物そのものの持っているはたらきを人間の都合のよい方向に導くほうがましである。GMOの擁護論者が言うとおり、雑種強勢（F_1）も自然界では起こらないものであり、その延長線上にある遺伝子組み換えが許されないのがおかしいという論にも一理ある。要は安全性の問題である。

したがって、GMOの研究までやらさないというのは行き過ぎである。ただし、何でもすぐ作っていい、食べていいというのも行き過ぎである。相当安全性が確保されるまでは流通させず、仮に流通させる場合はGMO表示を徹底するというのが中庸を行く道であろう。

一〇〇％安全というのはいまの科学技術では無理である。三〇年前に安全と言われ、いま禁止されている多くの化学物質を見れば明らかである。しかし、完全を求めていては何も先に進まない。最終製品に組み換えDNAやタンパク質が残っているかに関係なく、表示をきちんとして消費者に情報を提供していくべきであろう。うす気味悪いという人たちはそれを見て買わずに食べずにすますことができる。

工業はエントロピーの増大なくしては成り立たない産業であるのに対し、農業はむしろ自然の生み出す物の上に成り立つ産業であり、石油から作られた資材、農業機械、燃料等ごく一部を除けばゴミを出さずにすむ産業である。つまり、アダム・スミスがつとに永久産業と指摘するとおり、環境に心がければ永続できる産業である。そして、日本はリサイクル資源には恵まれた国であり、これを生かした農業、すなわち、環境保全型農業の推進が可能な国なのだ。

経済効率一辺倒の恐ろしさ

アメリカは、何よりも経済的効率である。工業と同じくひたすら労働生産性、そして一時のコストのみを考え、安全性や「持続性」は、遠くへ追いやられている。乳牛は、ひたすら乳量をふやす方向に品種改良が行われ、エサも薬もその方向にのみ進んでいる。したがって、乳牛の胃は荒れ、寿命も短い。残念ながら日本はアメリカに近い。

これに対し、ヨーロッパは、むしろ粗放化に向かっており、平均乳量はアメリカの半分でも、乳牛はゆったりと草をはみ、長生きし、低コストである。昔ながらの自然な飼育で育てられた乳牛からおいしい牛乳が生まれ、それを原料とした逸品のチーズが作られている。地域性を大事にし、フランスだけでも三〇〇種近いチーズがあり、原産地呼称を徹底している。アメリカは、どこの産物も同じで、地域性も何もあったものではなく、工業製品と同じく画一的なものしかみられない。

アメリカはまた省力化を急ぐあまり、トマトの品種の改良も、本来の生物のあるべき姿、農業のあるべき姿を急速に失っていく。メキシコ人不法入国者を低賃金で使いながらもさらに省力化し機械収穫をせんと、皮の固いトマトにしてしまった。いまは、哀れ、農業労働者も失業し、カリフォルニアのトマトは鉄のツメで収穫されている。

ところが、これにも問題があった。そもそも植物は危険を避け、子孫を残すため、登熟期をわざとずらして、どれかの種に生き残ってほしいと考えている。トマトでいえば、熟す時が違うのだ。これを機械収穫すると青いトマトも収穫しなければならなくなり、いくら加工用でもジュースに青臭い味が残ってしまい、ますますトマトジュース離れが起きてしまう。そこで、エチレンガスをかけて一挙に赤く変色させてしまう技術まで確立した。これだと、畑は限りなく広いし、ガソリンは安いし、低コストになるに違いない。しかし、投入エネルギーは増大し、土地生産性は下がり、味はいよいよ無視される。

消費者は目覚めている。先進国はどこでも、程度の差こそあれ、有機農産物に目が向けられている。ポストハーベスト農薬に対する目が厳しいのも共通である。生産側は、広い意味でのパブリック・アクセプタンス（地域住民の理解や同意）を考慮して、より安全な物を作る方向に向かわなければなるまい。

気候・風土に合った持続的農業技術

私には、農業技術に関する専門的な知識などない。しかし、昔から物事を根源に立ち返って考える癖があった。そして、大学時代、下宿に近く、空《す》いている理由から、もっぱら理学部の図書館で退屈な法律書を読んでいたが、その休みに読む『自然』『科学朝日』（いまは『サイアス』と名称変更している）といった科学雑誌の新鮮さといったらなかった。いまは仕事がらみの本にしか時間が割けないが私の読書の一つのジャンルに生物学のものが含まれるのは、その時以来の名残かもしれない。農業技術についてはあくまで素人であるが、素人なりに日本型農業の延長で、農業技術革新のあるべき姿を論じてみた。

もう一つ言い忘れたが、私の日本型農業論の根底にあるのは、故郷・長野県中野《なかの》市の農業であり、わが実家の農業である。一町歩（約一ヘクタール）そこそこの農地にしがみつき、また労働の配分を考えて、限られた農地からなるべく多くの果実を生み出さないと生きていけないのだ。必然的に複合経営となり、低コスト志向になる。私の同期の一人が農

村派遣研修で、中野市の篤農家にお世話になった。その同期がいみじくも、

「篠原の言う日本型農業は、中野市の農業のことだ」

と、のたまわった。まさに正鵠《せいこく》を得ている。

中野市で青春時代を送り、入省後アメリカに留学させてもらいアメリカ農業を体験させていただいた私が、アメリカ農業との比較の上で日本型農業論を論ずるのは、その意味では必然かもしれない。

いま、農業の世界で求められているのは、限られた農地からなるべく多くの生産物を持続的に生み出す技術革新である。肥料、農薬、除草剤、水、種子を大量に使い、二階建ての大型農業機械が土地の微生物を圧死させるアメリカ型農業技術は、明らかに二〇世紀にのみ、そして新大陸にのみ一時的に展開した農業技術にすぎない。

北海道も手をつけられていない状態で三〇〇〇万人の人口を支えた江戸時代のわが国の農業技術は、じつは世界一だったのだ。いまのいまよりも、孫子《まご》の時代に思いを馳《は》せて植林し、土づくりをしてきた持続的農法・農業技術こそ二一世紀にも必要とされる農業技術に違いない。われわれは、自然とともに歩んできた前人の知恵をそのまま踏襲し、日本の気候・風土に合った持続的農業技術を確立していく必要がある。

米麦一貫生産体制を求めて

（日本有機農業研究会における講演を加筆修正）

米と麦を一体で考える

私は、長野県の北、志賀《しが》高原に行く途中の中野市の田麦《たむぎ》という所に生まれ育った。田麦の名は、千曲川《ちくまがわ》に志賀高原から流れ込む「夜間瀬川《よませ》」という川があって、その扇状地で勾配《こうばい》があり水はけがよく、麦を作り米を作るのにふさわしい土地だというところからその名がついた。麦刈りをやってから田植えをするというのがごく普通だった。

一九五〇年頃、

「貧乏人は麦を食え」

と言った大蔵大臣がいて、その頃、麦は食管でいわゆる順ざや（黒字）を出していた。アメリカから安い値段で買って、国民には高く売る。だから政府は儲かる。逆に米は、農民から高く買って消費者に安く売り、逆ざや（赤字）を出していた。

そういう時代から何十年もたった。私は一九七三年に農林水産省に入省したが、翌年入ってきた優等生が私に、「日本では麦は穫れるんですか？」と聞いてきた。それくらい麦の生産量は減っていた。四〇〇万トン作っていたものが、その後いちばんひどい時は四〇万トンくらいに減っている。いまは転作ということで仕方なく作るので七〇万トン前後の生産となっている。そうした中で麦の輸入は、大麦などを含めて七〇〇万トン近くに達している。

ガット・ウルグアイ・ラウンド（UR）の議論が進む中で、私は、米と麦とを一体として主要食料ということで一本にまとめて扱うべきである、と考えた。そうすれば小麦はこんなにたくさん輸入しているのだから、穀物全体としてはマキシマム・アクセスを与えていると説明でき、米のミニマム・アクセス（最低限輸入義務）などとやかく言われる筋合いはなくなることになるからだ。

それでもアメリカが米にこだわるなら、米を多少は輸入する。「その代わり麦は日本で作って輸入は減らす」と主張できる。ところが、アメリカはせっかく苦労して麦の日本市場を開拓したのに、それを米のために奪われてしまったら大変である。アメリカの小麦の農家の数やパワーは、米の農家とは比べものにならないから、小麦農家が日本の市場を米に荒らされてなるものかとアメリカ国内で大騒ぎになったかもしれない。

日本有機農業研究会（有機農研）の会員の中に、小麦を作るべきだと主張し、現に本格的に生産している者が多くおられるのは心強いかぎりである。しかし、日本ではこういうことを考える人はなかなかいなかった。いま考えると簡単な理屈だと思うが、皆、米のことしか頭になく、麦のことなど考えようとしなかった。

EUがURの時に、リバランシングということを言いだしたのも同じような理屈である。EUはかつては小麦の輸入国だったが、日本の農林一〇号をもとにした品種改良により単収が二倍にふえ、一九七〇年代後半から輸出国に転じた。しかし、国際競争力がないことから輸出補助金を付けて輸出しなければならず、結局日本と同じように減反しなければならなくなった。それで、それまで自由化して関税ゼロにして輸入していた大豆、菜種、ヒマワリなどの油糧種子を代わりに作らせてほしい、そしてそのために関税を代償措置なしで上げさせてほしい、という都合のよい主張を言いだした。麦ばかり作っていたら畑が余ってしまうので、かつて捨てた油糧種子をもう一回作ろうというきわめて自然な考え方であった。

これを日本に当てはめてると、余り気味の米の代わりに、自給率が一桁のパーセントになってしまった麦を復活させ、次に大豆と菜種、そして飼料穀物を作るということになる。ところが、水田と米にばかり頭がいき、一足飛びに飼料米（エサ米）に行き、少しもその前に考えるべき麦、大豆のことを考えようとしなかった。

田んぼで国産小麦を作る

日本農業新聞にドームの中で米を作って早場米なんて記事が出ていたことがあるが、ばかげた話である。本来できる時期が決まっているのに、日本では何でも早く作ったほうが高く売れる。米にまで初物には高い値段をつける特殊な国である。こんな世相に迎合した生産に堕してはならず、やはり農地からなるべく多くの恵みを引き出すことに力を入れるべきである。つまり、田んぼに麦を作ってから米を作るのがいちばん合理的である。

一九五五年くらいには、四〇〇万トンも作っていた。昔は湿田で麦が作れない所がいっぱいあったが、その後、基盤整備も進み、田んぼを平らにして水はけが良くなったから、いまや、日本の水田の相当部分で麦を作れるはずだ。関東平野、長野・新潟以西では、どこでも麦を作って米が作れる。

作業もそんなに手間がかからないし、投資もあまり必要ない。政策的にも、一トン当たりの補助金の金額は米よりも麦のほうが高いから、これを、米と麦の補助金の金額を一緒にして、トータルで収入がふえるようにしたら、採算は合う。自給率も当然、向上する。

昔の悪条件下でも四〇〇万トン穫れたのだから、いまだったらもっと穫れる。

私はかつて、農業雑誌の中で、麦を作って米を作ったら二回田んぼを使うことになるので米の収量は落ちると書いたことがあるが、有機農研の皆さんから間違いだと指摘を受けた。最初の一～二年は落ちるが、定着してくると麦を作ってから米を作ったほうが、米の収量もふえるというのだ。昔の人は経験からそれをよく知っていたからこそ麦と米を二回作ることをずっと続けてきたのだろう。畑の麦作と比べ水田も間に入るので連作障害も起きない。いいことずくめだから、あとはやる気があればすぐできることだ。

私は、麦作の復活を一九九〇年頃から主張しはじめ、『第一次産業の復活』（ダイヤモンド社、一九九五年）にも書き連ねた。そして二〇〇〇年にやっと麦と大豆の「本作化」という形で実現した。これで耕作率も自給率も上がる。喜ばしいかぎりである。

消費者も、現に国産小麦は不足で困っているし、国産に対するこだわりは強いのだから、ちゃんと説明すれば確実に支持するはずだ。外国から輸入されるものは、燻蒸《くんじょう》されて、ポストハーベスト農薬も使われている。食べる気がしないという女性は多い。私もパリにいた時、消費者の一人として、日・米・欧の米を食べ比べてみたが、アメリカの米だけはコクゾウ虫がわかない。虫がわかないほどポストハーベスト農薬を使ってあるという証拠である。

つまり、食べ物というのは、遠くから持ってくれれば、それだけ無理がかかる。そこでできたものを、そこで食べるというのがいちばん理にも適《かな》っている。それをわかっている人は相当ふえているし、ヨーロッパ社会では常識になっている。

イタリアのスパゲッティは、日本のうどんやそばの類と同じで、火山灰土壌の所ではパンになるような小麦はできないので、火山国のイタリアではめんになった。その土地できたものをうまく主食にしているということだと思う。逆に、フランスの小麦はパンに向いているので、パンを食べるようになった。外から持ってきたものを主食のごとく食べるのはどだい無理な話なのである。

半分、亜熱帯性気候に当たる日本では、米のほうが小麦よりも向いている。ヨーロッパの降雨量（年間約六〇〇ミリ）に比べると日本は倍以上（年間約一八〇〇ミリ）降るから、パンになるような小麦は作りにくい。しかし、これも改良して研究すればそんなに難しいことではないはずである。

米麦一貫生産は連作障害を起こさず

ふつう、畑では連作はできないが、栃木県名産のカンピョウ原料の夕顔の場合、ずっと同じ畑に作り続けているのだそうだ。それはいわゆる〝捨てづくり〟で、夕顔の間にネギとかニンニクとかタマネギといったネギ科の作物をずっと植えることにより連作障害が起きないというのである。栃木県の農業試験場で研究したら、ネギ科の作物のあのネバネバしたものの中に、連作障害を起こす菌を殺すはたらきがあることがわかった。

私はこれを聞いたとき、なるほどと思った。というのは、小さい頃、カゼをひくと木綿の手ぬぐいにネギを刻んで首に巻くということをやらされたからである。当時は迷信みたいなものと思っていたが、たしかに医者に行かなくても治った。連作障害もカゼもウイルスが原因であり、ネギ科の作物のネバネバがそれを殺すというのだ。日本の昔の人たちは、そういうことに気がついていたのである。だから農学と薬学の人たちが学際的研究をすれば、ネギからカゼの万能薬ができるかもしれない。

それと同じだとは言えないが、米と麦の組み合わせも、よく考えてみるともっともといえる。原っぱや山の中ではいろいろなものが生えている。それだけ土というものは強く、次から次へといろいろなものを育てる能力がある。だから年に二回ぐらい同じ畑を使っても、どうってことはないばかりか、冬にも何か育っているほうが自然であり、そのほうが土にもよいということだ。

風土と隔絶する日本の食生活

消費のほうから考えると、お米を食べようと言ってもすっかりパンが普及してしまっている。こんな前代未聞のことをした国はほかにない。アメリカは戦後、小麦が余っていたから、日本にも韓国にもフィリピンにもＭＳＡ（相互安全保障法）援助で小麦を押しつけて売ろうとした。それで学校給食をパンでやりましょうと言った。これを日本だけがおめおめと受け入れたわけである。

政府の方針は、前述のとおり〝貧乏人は麦を食え〟ということだったのである。米は政府が農家から高く買って安く国民に売り、いわゆる逆ざやを抱えており、国民が米を食べると政府は損をする。麦は逆で、アメリカから安く買って国民には高く売るのだから、麦を食べてもらったほうが財政に資することになる。一時の財政上の理由から日本に風土と隔絶した食生活をはびこらす原因となった。それこそ近視眼的な失政であった。

そして何十年かたって米が余りだした。余りだしてからもなかなか気づかなかったが、ようやく米飯給食ということを言いだした。

日本がどれほど非常識なことをしたかというのは、フランスがいかに食料で困ったからといって、米飯給食にするかということを考えてみればよい。そんなことをするわけがない。日本はそれをやったわけだ。

いま、日本ほど世界中で贅沢《ぜいたく》をしている国民はなく、世界中から最も高級な食料を買いあさっているが、これも不謹慎だといえよう。

世界中から輸入している量は莫大なもので、前にも述べたように、世界の人口の二％弱の国民が、世界の農産物貿易の八%を、林産物貿易の二〇%を、さらに水産物貿易の三二%を日本一国が買い集めている。エビをたくさん食べだすとその国は滅びるとローマの滅亡に重ね合わせて言われる。国民が贅沢をして働かなくなって、国は傾いてゆくというのだ。日本はまさにその状態になった。

だから、日本は世界に対してやさしく生きるために、また、金にあかせてよその国の人たちの食べる分まで輸入しないためにも、自分の国でなるべく多く作る必要がある。それが日本国民の体にも健康にも確実にいいことなのだ。

主食はそこで穫れたものを

農産物が二週間も大型船に積み込まれて、日本に持ち込まれるなどということをするから、おかしなことが起こる。船倉が暖かくなりすぎて虫が発生するので、ポストハーベスト農薬をかけたり燻蒸しなければならなくなる。そういうことの必要のない国産の農産物のほうが安全で体にいいに決まっている。

地球環境を考えたら、物の移動はなるべく少なくすべきなのだ。移動には輸送が伴い、有害な排ガスが排出されるからだ。穀物などはかさばり、重く、輸送コストがかさみ、その分輸送すると空気の汚れも大きい。その意味でも食べ物こそ、そこでできたものをそこで食べるということが必要である。

いまや日本の小麦でもおいしいパンがいくらでも家庭で作れるようになっている。ところが日本の製粉会社はどうしているかというと、世界中でいちばん品質のよい小麦を買い集めている。大手の製粉メーカーの製粉機械は当然、均質の小麦用にセットされ、日本の各地で生産される品質にバラつきのある小麦は機械をセットし直さないかぎり製粉できない。小量の国産小麦のためにそんな手間のかかることはしない。だから、国産小麦は当面、中小の製粉メーカーに製粉してもらうしかない。当分の間は生産者と消費者グループの連携でつなげてやっていく以外にない。

しかもいまや国産小麦は毎年足りなくなっている。つまり、需要は十分にあるのに、途中の加工流通システムが崩れてしまっているだけなのだ。だから私は、米麦一貫の生産体制はやる気さえあればいくらでもやっていけるのではないか、と思っている。

米余りの時代の到来を予測していた糸川英夫氏

日本がまだ米を輸入していた一九五〇年代後半、米が余るということを先見的に言っていた人がいる。

ロケット博士として知られた糸川英夫《いとかわひでお》さんである。日本の将来について糸川さんと私が同じようなことを言っているということで、三和総合研究所の要請により、かつて対談したことがある（「自立経済の発想」〔「三和総合研究所月報」一九八七年一一月〕）。今後は生物資源を活用した産業の時代になると意気投合して話していたのだが、その時、なるほどと思ったのが次のような話である。

糸川さんの勤めるロケット研究所は初めは秋田県にあった。その時、八郎潟《はちろうがた》を埋め立てて田んぼにしようと国が大々的に投資して取り組んだ。糸川さんは盛んに反対して「米は必ず余るようになる」と本に書いたそうである。実際に米が余りだしたのが一九七一年頃からで、糸川さんはその一〇年以上も前に、「技術の進歩や品種の改良があり、また日本の食生活は欧米化してくるから、米は余る。だから八郎潟を埋め立てるようなバカな真似はするな」と主張されていた。

八郎潟は、単位面積当たり日本一の漁獲量があり、しかもいろいろな種類のおいしい魚が獲れていた。そんな所をつぶすなんてとんでもないということである。しかし、秋田は農業でやっていくしかないんだと、突っ走ってしまった。

また糸川さんはたいへんユニークな発想をしていて、まだ成田空港がない時から、「羽田空港に代わる日本の玄関空港がこれからは必要で、秋田の発展を願うなら、たいして役に立っていない丘を整地して日本の玄関となるような一大国際空港を造り、そこから新幹線で東京に乗客を運べば、日本の美しい水田や山の原風景を見ることになって、日本の印象がとてもよくなるはずだ」

というようなことを著書の中で書いている。

まだ新幹線もできていない一九五〇年代後半にそういう本を書いても、ロケット博士が何かトンチンカンなことを言っているとしか思われなかったようである。

しかしまさに、現実はそのとおりに進み、米は余り、成田空港も必要となり、新幹線もできた。大潟村《おおがたむら》は減反をめぐっていちばんもめる所となった。糸川さんの助言どおり秋田は八郎潟をつぶすよりも空港をつくったほうが成功したかもしれない。

その糸川さんは、いまはエントロピー学派と同じで、

「これからはリサイクル資源を有効活用して生きていくようにしたほうがいい。日本にはそれだけの技術力があり、豊富な太陽の光、水、土という豊かな資源があるのだから、世界に先駆けてそれに投資し、自らまかなえる態勢に向けて進むべきだ」

と、科学的な根拠を示して、言っている。

私もそうしたことを前出の『第一次産業の復活』という本に書いて、第一次産業の復活は、米麦一貫生産体制の復活が一つの鍵になると主張したが、ぜひこれは実現していきたいと願っている。

外国から食料を買えない時代がくる

アメリカは、ミニマム・アクセスということで日本の米の自由化という穴の一部をこじ開けたが、その裏を返して麦を大増産して、麦の輸入を減らすということで麦の輸出国を困らせることもできる。麦の復活は日本の自給力を高める重要な方途でもある。誰もいつくるとは言えないが、確実に食料が足りなくなる時代がくると思われる。つまり日本にはお金はたくさんあるけれども、世界に余った食料がなくて買えない、という時代がくるかもしれないのだ。もちろん貿易赤字国に転じ、お金がなくなることもありうる。

つい最近まで、日本は金融立国などとのぼせあがったことを言っていたが、お金なんて天下のまわりものであり、あり余っている金などしょせん、泡（バブル）にすぎない。バブル経済は吹っとび、金融界はガタガタである。成功していた業界ですら突如この有様なのだから、ずっと問題を抱える農業など土台は相当弱っており、食料危機などいつ来てもおかしくない。お金にしがみついて生きている人は大変かもしれないが、作物を毎年作って生きている者には、お金がどこにあってもあまり意味のないことである。われわれがちゃんとやらなければならないことは、自分の食べる食料なり、自国民の食べる食料なりはきちんと作り、自立して生きていくということである。

第3章
農山漁村の原風景と可能性

人と自然の接点としての棚田

上流ほど豊かな微量要素

おいしい米として、新潟産、とくに魚沼《うおぬま》産のコシヒカリが有名であるが、味は、品種だけでなく、土壌や気象など諸々の要素が重なって決まる。そして、棚田《たなだ》がおいしい米作りに適していることは意外に知られていない。

植物が生長するには、窒素、リン、カリウムの三大栄養素が必要なことはいうまでもないが、鉄やマグネシウム、亜鉛、銅といった微量要素も重要なはたらきをし、味にも当然、影響を及ぼしている。人がタンパク質、脂質、炭水化物のみで生きるのではなく、健康を保つためにビタミンやミネラルが大切なことと同じである。

こうした微量要素は水田の場合、流れ込む水が上流から運んでくれる。農家はこうしたことを経験から知っており、祭り用のもち米や自家米は、いちばん上流にある水口《みなくち》の田に作った。水温が低いと収量が落ちてしまうため、田を一周する迂回《うかい》水路をつくり、温めてから取水する工夫もされた。

森林の枯れ葉の積もる土壌の中で醸成され、さまざまな栄養分に富んだ水。老舗《しにせ》の和菓子屋は、山田の水口の田だけから原料を買い取るこだわりもみせた。

果物は気温の日較差の大きい盆地が適地とされる。長野のリンゴや山梨のブドウ、山形のサクランボが好例である。平地でもできるが、日当たりのよい山間地のほうが糖度が増し、実も引きしまる。

近年の研究で、これが米など一般の作物にも当てはまることがわかってきた。日当たりのよい山腹の棚田は、昼には気温・水温とも上昇するが、夜は高い所にあるので急に冷え込み、寒暖の差が大きいのだ。夜涼しいと呼吸が少なく、稔《みの》りもよくなる。

かつては米ができなかった上川《かみかわ》盆地（北海道）が北海道産米の生産地となり、筆者の故郷・長野県が平均単収日本一を続けているのもこうした理由だと思われる。

棚田は水はけよく根も張る

稲はもともと湿地で作られはじめ、水田も本来、水を湛《たた》えるために造成されてきたが、湿田は稲作に適地とはいえない。湛水《たんすい》下の還元土壌中で発生する硫化水素などの有害物質は、根腐れを誘発して悪影響を及ぼす。その点、棚田は天水田に頼る一部を除けば乾田で、水はけがよく稲が深く根を張ることもできる。だからこそ、鎌倉時代末期以降、棚田開発が各地で行われ、近世に引き継がれてきたのである。

大河川の氾濫《はんらん》による水害も免れそれなりに収量も安定していたからこそ、大用水を必要とする大平野部よりも、むしろ小河川や小水路で足りる山間地の傾斜地や沖積平野のほうが先に水田が発達してきたのである。

二一世紀には、化石燃料と非再生性の鉱物資源に頼る産業は縮小していかなければならない。

農業とて自然を人間の都合のよい作物のために作り変えてしまうという点で局地的な環境破壊を伴う。それでも、自然を大きく傷つけることなく、自然から恵みをいただくという態度を取り続けるかぎり共生ができる。棚田は一面に木を切り倒すわけでもなく、ごく一部を水田に変え、自然の一部となって溶け込んでいる。その意味で、棚田は人間の営みと自然との調和の接点にある見本といえる。

畑だと日本のような急峻《きゅうしゅん》の地ではすぐ表土が消失してしまう。水田は土壌浸食を防ぐとともに、栄養分に富んだ水が連作障害の心配もなくしてくれる。さらに、棚田は洪水調節や地下水涵養《かんよう》といった国土保全機能も果たしている。いわゆる面的機能である。長野県では、棚田にたまる水は諏訪湖《すわこ》の水量に匹敵すると教えられてきた。

われわれはいつも見慣れているのでその美しさや合理性に気づかないことが多い。しかし、外国人は日本人の知恵の結晶ともいうべき棚田を称賛する。先頃も、各国大使たちが集まって能登の千枚田に田植えをしたことが報じられた。棚田は長い間蓄積された日本の歴史的遺産である。だから見る人に心の安らぎを与えてくれるのだ。

後世に棚田を伝える

ところが、日本の棚田は今日、瀕死《ひんし》の危機に直面している。農業あるいは水田の危機が最も如実に現れているのだ。大型機械も入らず、超過疎に見舞われ、せっかくの農山村の棚田は荒れるにまかされている。コストも労力もかかりすぎるからだ。棚田の危機により、かつての雨量の半分でも河川が氾濫するという由々しき事態すら起こっている。

棚田に救いの手を差し伸べるため、一九九五年から「全国棚田サミット」を主催している「ふるさときゃらばん」を事務局に、棚田学会が一九九九年八月に設立された。心ある人たちが結集し、後世に棚田の伝えられんことを願っている。

棚田は後世に伝える原風景

東京は山が見えない

原風景の忘れられない人は数多い。

私の小・中学校時代の友人が、東京に就職したものの、すぐ長野県中野《なかの》市の地元に帰ってしまった。

もともと無口な友人は、私のなぜだという問に対し、

「東京は山が見えねからやだ（見えないからいやだ）」

と一言答えた。一六歳の頃のことである。

私自身はまだ長野電鉄に乗り、善光寺平《ぜんこうじだいら》の山並みを毎日飽きるほど見ながら通学していた頃だったが、数年後に訪れるだろう故郷との別れに一抹の不安を抱いたことをよく覚えている。

わが身に照らし、寡黙《かもく》な友人の一言になんとなく合点《がてん》がいった。

変わらない味覚、聴覚

人間の舌の記憶も、ごく幼少の頃の味が忘れられなくなり、完全に刷り込まれるという。したがって、途中でどんな目新しいものに目を（いや舌を）奪われても、最後はかつての味に戻っていくという。まさに三つ子の魂であり、小さい頃に変な味を覚えると一生抜け出せないことになる。

私などはその典型で、野沢菜《のざわな》漬けにおしょうゆと削り節と化学調味料をかけ、三杯めしを食べて育ったので、漬物には目がない。温暖の地で育った妻は、漬物などほとんど食べず育ったといい、およそ漬物には興味がない。

妻は、私が、しょっぱい漬物にさらにおしょうゆをかけることや化学調味料をかけることをなじり、わが家では私が買いそろえないかぎり食卓に漬物が並ぶことはない。私がたまに買ってきても、やれ食品添加物が多いとかなんとか言って子どもには食べさせない。これも、変な味を覚えると体に悪いからだともっともなことを言う。かくして、わが家の食卓のいざこざは一生続けられるにちがいない。譲る譲らないの話ではなく、舌の好みがすっかり違ってしまっているのだから、理性なるものの出る幕はなく、修復のしようがない。

意外と気づかれていないが、耳もまったく同じで、自分が意識して記憶していないことまで覚えていることが多い。

松本清張の初期の頃の短編に『声』というそのものずばりの逸品がある。電話交換手がある時、間違えてつなげてしまったところ、後で殺人現場だったことを知る。数年後、結婚して夫が自宅で麻雀《マージャン》しているときに代わりに出た電話で同じ声を聞くことになり、はっとその時のことがよみがえる。そしてそれに気づいたことを殺人者に気づかれたため、彼女は殺人事件に巻き込まれていく、という恐ろしい筋書きである。

誰しも小さい頃に育ったところの訛《なま》りは終生忘れることがない。どこにいてもイントネーションの違い一つで地元の人間かどうかわかったり、お国が知れたりする。私の経験でいえば、大学時代に比叡山《ひえいざん》に登った折、修学旅行生が写真を撮っているのに出くわした。「もうちょっとこっちへ寄れ」という何の変哲もない一言。方言など入っていない標準語であったが、ふっと気になりどこから来たのか聞いたところ「長野工業高校です」と返ってきた。音楽や英語に対する耳の悪さには我ながら愕然《がくぜん》とさせられることが多いが、こと故郷の訛りには超敏感である。しみついて離れないのだ。

どこでどう記憶しているのかわからないが、いつまでたってもお国訛りが抜けず、子どもには、

「お父さんは英語もフランス語もみな長野弁だ」

とバカにされている。

言語学の研究によれば、たとえば三歳までアメリカにいた者が英語をすっかり忘れてしまっても、再びやりだせば耳と舌が覚えていて、rやl《エル》の会話も聞き取れ、区別して発音できるという。もちろん意味とかややこしいことはまったく忘れてしまっているが、それでも音は覚えていて、識別できるという。まさに原風景ならぬ原音声ないし原言語である。

不確かな目の記憶

それに引き換え、いちばん記憶していそうな目の記憶は案外いいかげんなのだ。同じことを数人に見させて後で調べても、まちまちの答えが返ってきてしまう。日常の裁判の世界でも証言の食い違いなどしょっちゅうだという。目の場合は、一回脳に入り意識の中に入ることから、どうもこうだったはずであるという邪念が入ってしまうらしい。前述の舌や耳の無意識の記憶と異なり、人々の解釈なり思い込みが入ってはじめて記憶として残っているようだ。したがって、顔は忘れてしまった人なのに声を聞いてはじめてあの人だと思い出す、といったことがよく起こることになる。

しかし、目にもやはり無意識のうちに残っているものがある。「いまでもつい昨日のことのように覚えている」とか「目に焼きついて離れない」といった表現が使われるが、あながち嘘《うそ》ではない。誰にもそういう場面があるという。

これまた、私の体験がある。小学校の頃よく谷の向こう側にライオンがいる夢を見た。なぜそんな夢を見るのかさっぱりわからなかったが、一二歳の時に県内の修学旅行で小諸《こもろ》の懐古園《かいこえん》に行き、びっくり仰天した。夢に見る光景そのものが目の前にあったからだ。家へ帰って報告すると、祖父母が三歳になる孫の私を連れて行ったところ、その檻《おり》からしばらく離れなかったというエピソードを初めて聞かされた。ど田舎の子どもには初めて見る百獣の王の印象は強烈だったのだろう。

日本の原風景

強烈な印象を受けた場面の記憶と異なり、何となく記憶に残り離れないもの、安心感を覚えるもの、それが原風景である。

カナダのマニトバ州の大平原で育った友人は、日本では海を見ると落ち着くことに気がついた。何のことはない。日本でまっ平らな所といったら海しかなかったのである。無意識のうちに大平原に似た原風景を探していたのだ。

そして日本の原風景と言えば、すぐ思い浮かぶのは水田のある風景であり、借景《しゃっけい》として緑の山々がつくことになる。

故・糸川英夫博士（ロケット博士）は第2章でも述べたように、先見の明のある典型的な人であり、もののわかる人であった。一九五〇年代後半に八郎潟《はちろうがた》の干拓に大反対され、「秋田の振興をはかるなら、風光明媚《めいび》でおいしい魚の獲れる湖をつぶすのではなく、小さい丘を削って日本の大玄関空港を造り、東京と高速鉄道で結べばよい」と当時では一般にはまったく理解できない提案をされた。いまならハブ（中核）空港とリニアモーターカーのこととわかるはずである。蛇足ながら、当時輸入していた米もいずれ余ることになると指摘されていた。

私が心を魅《ひ》かれたのは、その後の糸川博士の提言である。糸川博士はその最大の効用として、「初めて訪れた遠来の客に、一〜二時間かけてたっぷりと日本の原風景、すなわち水田と緑したたる山々を見せて、日本の第一印象をよくすべきだ」と言うのである。羽田空港周辺を見た外国人は東南アジアと同じくゴミゴミした光景ばかりに目をとられ、日本の良さを見ずに帰国したり、誤解をしてしまうというのだ。日本の原風景をたっぷりと上空から、そして車窓から見せる、という糸川博士の達見に感心させられた。

棚田の危機

日本の総耕地面積の約半分二八〇万ヘクタールもあった水田は、糸川博士の指摘のとおり米余りとなったことから、減反という羽目に陥り、各地で荒れだした。平地の水田はそれでも生き残りの途《みち》があり、いまもわれわれの食料を生み出してくれている。しかし、農山村は超過疎に見舞われ、耕す人は激減している。さらに、棚田には大型機械も入らずコストも労力もかかることから、真っ先に捨てられる運命にある。農業あるいは水田の危機が棚田に最も如実に現れている。

私は、山と水田という二つの要素を合わせ持つ棚田のある風景こそ、日本の原風景の典型といってもいいのではないかと思う。日本の平地は国土の一五％もなく、いまでも六六％は山林で覆われている。その中で、少しでも米を作ろうと先人が営々と築き上げたのが棚田である。建物も絵画も音楽も文学もみな、その国の文化であるに違いない。しかし、私は本当の文化は庶民が作り上げたものの中にあると考えている。棚田は東南アジア・モンスーン地帯の人々の知恵であり、文化そのものなのだ。

数年前に岡山県や広島県の中国山地を訪れた農村観光を専門とするイギリス人の学者は、どこもみなグリーン・ツーリズム（滞在型農村休暇）の適地だと絶賛したという。見事な石積みの水田に穏やかな山々、清流、温泉――と彼にとっては信じ難い恵みと映ったのだろう。荒涼たる荒れ地にヒースが生えているぐらいのスコットランドの光景と比べてみたのだろう。しかし、現地の関係者は、こんな何の変哲もない町（村）はどこへ行ったってごろごろしている、といってまったくとり合わなかったという。

棚田は大切な地域資源

毎日見ている人には、棚田など何のありがたみも感じないのかもしれないが、初めて見る人や状況のわかる人には何ともいえない貴重な財産なのだ。

農業は環境を保全しているというのが日本人一般の認識である。しかし、自然を人間の都合のいい形に変えてしまっているという点ではまぎれもない環境破壊なのだ。自然を壊すことなく、自然の恵みをより多くいただくという姿勢の現れが棚田である。棚田はいまや完全に自然の一つに溶け込んでいる。米の生産という重要な役割を担うばかりでなく、洪水も防いでいる。そしていまや、住む人、訪れる人にやすらぎを与えてくれる存在である。たぶん、大半の人はどこかで見たような景色だというデジャヴィ（既視感《きしかん》）を感ずるにちがいない。

世界各地で農地が失われていく。さりとて農地に適した場所はそれほど残っていない。棚田の知恵はやはり後世代にもつないでいかなければならない。それは、日本人のアイデンティティ（主体性、独自性）の一つともいうべき、共通の原風景を守るためでもある。

究極の高齢者対策

都会に出てこなかった高齢者

有吉佐和子は他の女流作家と同じく、女の一生を扱った話題作を多く残したが、何といっても『恍惚《こうこつ》の人』と『複合汚染』こそ、彼女の社会を見る眼の確かさ、女の直観の鋭さを物語っている。

私は『複合汚染』のほうは、もともと同じようなことを考えていたし、それこそ熟読含味した。それに対し、『恍惚の人』は、私の身近にそのような老人のいないことも手伝い、大変だなあとは思いつつも、しっくりこなかった。私は、いかにも作家らしく、物語を、そして問題点を作り出しすぎているのではないかと疑問を感じざるをえなかった。

主人公は主婦昭子。そして問題を引き起こす八四歳の舅《しゅうと》茂造は東北の小都市の信用金庫を退職した後、夫婦そろって息子夫婦の住む東京の家に同居し、妻(昭子の姑《しゅうとめ》)が突然亡くなった日からそのすさまじいぼけぶりにより昭子一家を大混乱に陥れる物語である。一九七二年に、われわれがいま抱えている高齢者問題を、これでもかこれでもかという筆致で問いかけている。再読してもとても三〇年近く前のものとは思えず、身につまされて考えさせられることばかりである。

したがって、私は、老人介護の難しさなどについては引き込まれるようにして読んだが、そもそもの始まりがほとんどありえないことなのでどうしても腑《ふ》に落ちなかった。

つまり、いくら次男坊で引き継ぐ家がないからとはいえ、田舎の小都市から退職後に息子夫婦の住む東京の家に転がり込むなどということは、想定し難かった。作者もその点は気が引けたのか、さらっと書いて逃げている。東京のことについては五日市《いつかいち》街道、高円寺《こうえんじ》駅、杉並区松ノ木等々の具体的地名が出てくるのと好対照である。

少なくとも、私の信州の田舎の周りでは、たとえ息子たちが皆、出ていっても、ほとんどの老人たちは生まれ育った地で一生を終えている。

ところが島根大学の乗本吉郎先生の話によると、島根ではそのようなケースがよくあるとのことでびっくりしたが、よくうかがってみると、その大半が再び田舎に戻ってきてしまうという。嫁と姑の仲がうまくいくのはきわめて稀《まれ》であり、とても同居できない。それに、どんなに物理的環境はよくても、近所に自分の属するコミュニティがない所に住むのは至難の業《わざ》である。やがていたたまれずに故郷に帰るのが当然のことだろう。

六〇歳の安住の地

この点、私は昔から年寄りじみすぎていたのかもしれないが、まったく逆のケース、すなわち老後は、必ず信州中野の田舎に住むことを決意していた。高度経済成長の中、ますますひどくなった向都離村の傾向の中で、自分もその波は逃れがたいことを覚りつつも、老後はとても都会で暮らす気にはなれなかった。高校卒業と同時に故郷を後にしたが、必ず帰るつもりで、その分、故郷との絆《きずな》は保ち続けた。

何でも気軽に言い合える大学時代、私はよく友人に、

「おまえら、六〇歳になったらどこで何をしているか考えたことがあるか」

と尋ねたものだが、彼らは異口同音に、

「俺たちはどこに就職するかわからないのに、六〇歳になったときのことなどわかるわけがないじゃないか」

と、バカにしてとりあわなかった。それに対し、私はいつも追い打ちをかけた。

「そうか、おまえらは考えたことがないのか。俺は若い頃はどこで何をしてるかわからないけど、六〇歳になったら田舎で自分で食べるものは自分で作り、晴耕雨読で悠々自適の生活をしているよ。若い時は、どこで何をしていてもやっていけるだろう。しかし歳《とし》をと

ると、どうもそこしか安住の地がないようだ」

それは、わが身の将来を案じての私なりの結論にすぎなかった。さすがに就職してからは、仕事に忙殺され、そんな悠長なことを考えている暇はなかったし、こういう夢物語を口にすることは差し控えたが、老後は故郷へ帰るという気持ちはますます堅固なものになっていった。

ところが、卒業後一〇年余、結婚して子どもができた大手銀行に勤める友人Ｏが突如電話をしてきて、

「銀行が持ち家政策をとり、低金利で金を貸してくれるので、東京近郊に家を建てようと思うのだが」

と打ち明けてきた。私とそのことで一杯飲みたいというのだ。

よく聞いてみると、その東京近郊というのは町田《まちだ》市のことで、その当時、校内暴力問題で新聞紙上をにぎわしていた。私はそれに対しては、

「いまはバラバラでも、一〇年二〇年とたつうちに地域社会ができてくるから、次々と住人の変わるマンションや団地よりいい」

と励ました。ところが次に意外な答えが返ってきた。

「いまはいい。しかし、退職した時に、自分は何を楽しみにして、その家に住んでいるの

だろうか。知っている茶飲み友だちもいない。ろくな自然もない。大学の友人もバラバラだし、会社の同僚もそれぞれ違う所に住んでいる。となると、自分の知っている人たちがいちばんどさっと住んでいるのは、結局、生まれ育った所ではないか」

つまり、私が大学時代うそぶいていたことをいまになって痛感して、電話してきたのだった。Oは、

「いままでは社宅だったので気楽に考えていたが、大金を注ぎ込んで自宅を買ったり建てるとなると、必然的に来るべき老後にそこで何をしているか考えざるをえず、途端に憂うつになってしまった」

と言う。悩んだ挙句、Oは結局、家を建てることはなかった。

考えてみれば、それは当たり前のことにすぎない。昔はほとんどの人は、生まれ育った所で一生を終えていたのだ。農耕定着民族の日本人が工業化の波をかぶって、流浪の民、サラリーマン・ジプシーに変わりだしたのは、つい最近のことにすぎない。ところが、都市は働ける人々向けにしかできていない。そこには子どもが健康に育つ環境はないし、働けなくなった老人はもう完全に厄介者である。

どうも島国の中の山国という同じ環境で育った者は似たような価値観なり夢を持つらしい。高校の同窓生のグループが毎月一九日（一九回卒業生に合わす）に秋葉原《あきはばら》（東京）の

飲み屋で秋葉会という会合を持っていたが、その主題は長野のこと、いかにして長野に帰るかということだった。皆、働き盛りであり、転居もままならず、妻が反対したので、とても実現できる見通しは立たなかったが、そういう夢物語を語り合えるだけでも満足していた。この仲間のうち二人は女房と子どもを長野に住ますという理想を実現し、帰郷へのソフトランディングの体制に入っている。

老人も仲間入りできる地域社会

私は、ものを書き始めた一五年ほど前、東京近郊の市役所主催の「消費生活講座」といったものに招かれた。もちろん主婦向けの勉強会だったが、年老いた男性が多いのには驚かされた。よく聞いてみると、退職サラリーマンが暇つぶしに出てくるのだという。要するに、何もすることがないのだ。

東京の近郊に家を建てられただけでも恵まれていると言うべきかも知れないが、そこには溶け込むべき地域社会はなかった。滅私奉企（業）の報いか、会社以外に寄るべき縁《よすが》もないのだろう。女性はＰＴＡなり生協なりそれなりに自分の城を持っているが、サラリーマンは給料を運んでいるうちから粗大ゴミであり、退職すると帰属できる社会がプツリとなくなる。

そして、退職後は妻にベタとくっついていくしかない「濡《ぬ》れ落ち葉」と哀れまれるのもむべなるかなである。せっかく定着した週休二日制も、企業国家日本では、「一日休養、一日教養」とやらで、地域社会との交流など何も考えられていなかった。これではバラバラの社会が続き、連帯感の醸成など望むべくもない。

こういう状況では、特別養護老人ホームや介護保険が必要となるのはうなずけるが、その前にすることがあるはずである。生きがいを持って精神的にも肉体的にも健康に過ごせる環境をつくり出すことが不可欠であり、産業構造や社会構造自体を、かつての農村地域社会のように老人も仲間にできるようなやさしく柔らかいものに変えていく以外に問題の解決策はない。教育の荒廃も結局は同根であり、今後は、社会政策的観点からの取り組みがますます重要となろう。

しかし、これは言うは易《やす》く、行うは難しである。都市は欧米社会をみてもやはり若者の、そしてビジネスの街でしか存在できない可能性が強い。

そうなると、やはり自然と農村地域社会に目が向くことになる。

強い家族の紐帯《ちゅうたい》、連帯感のあふれる地域社会、その集合体であるのどかな田舎町が誰にとっても住みやすい所に違いない。その点で言えば、地元の小企業や農協などに勤め、土日には農業に精を出すという第二種兼業農家などは、最も幸せな一生を終えることのできる人たちであろう。

農村地域の高齢者の比率が都市と比べて高くなっているのがその何よりの証拠である。山口県の瀬戸内海の大島《おおしま》にある東和町《とうわちょう》は、定年退職者が次々と帰村し、高齢者率が四割を上回ったという。彼らは、ミカン作りをするなど十分現役であり、一つの将来の姿を写し出しているものと思われる。そういえば、野の民俗学者、宮本常一は全国を旅しながら女房子どもは故郷に住まわせ、常に故郷との絆を保ち続けていたが、その故郷も大島だった（佐野真一著『旅する巨人』）。よほどいい所なのだろう。

この延長線上に、労働組合が提唱しはじめた一〇〇万人帰郷運動がある。ただ、これには、かさむ老人医療費や介護保険料の負担等の多くの問題が残されているが、高齢者が自然と人情に優れる農村地域社会に移動しだす傾向は、ますます強まるものと思われる。

さわやかな退職

私の身近な霞ケ関の本省の課長が、田舎の年老いた母親の面倒をみるために突然退職した。常識からすれば、あと四～五年は現役でいられる人であったし、アルゼンチン大使館勤務の経験を生かして国際協力のリーダーもしていただく予定だった。

「退職後はスペイン語の力を生かして中南米との国際協力をやっていただきたかったので

すが」

という私の嘆きに対し、

「母を看取《みと》った後ならば」

とほほえみ返してわれわれの前から突然去っていった。

『恍惚の人』とは逆に、息子夫婦が仕事に見切りをつけて田舎に戻ったのだ。誰しも理屈では、仕事よりもずっと大切なものがあるのはわかっていても、慣れきった安定した地位や生活は捨てられないものである。もちろん、娘さん二人が大学生となり親としての責任を果たしたなどの好条件はあったが、親孝行を優先したすがすがしい英断には心から拍手を送らずにはいられなかった。こうした男のロマンに妻が従ったことも驚嘆すべきことであった。

近頃は、「愛する妻の看護なり介護を優先して」市長なり国会議員なりの職を辞した人のことが大きく報じられているが、親のためというのは寡聞にして知らない。

数多くの田園都市

恍惚の人は、いま風に言えばアルツハイマー症かもしれない。こうした高齢者をすべて特別養護老人ホームに入れていたら財政も持たず、何よりも高齢者が哀れである。やはり、肉親に、そして気心の知れた隣人に囲まれて過ごしてもらうに越したことはない。そのためには、大平元首相の言葉を借りれば、安定した家庭基盤とその集合体である田園都市を数多くつくることこそ、来るべき高齢化社会への備えのような気がしてならない。

名前に刻み込まれた故郷

故郷との一体感

古い話で恐縮だが、私は、若い時はともかく、どうも東京とかで一生過ごす気がなく、大学卒業後は長野県に帰ろうと考えていた。

しかし、どうでもいいと思って受けていた国家公務員試験に合格し、私の人生設計に狂いが生じてしまった。

「もし採用してくれるなら、来てもいい」

と、一見すると尊大だが本当はバカ正直の答えをして居並ぶ面接官の失笑をかった。それでも採用してくれたので長野県に帰ることはきっぱりと断念した。

故郷との絆を断ち切りがたく、実家や近隣縁者の大半が携わる農業に縁のある仕事をしたかったことから農林省を選んだのはいうまでもない。その甲斐あってか、仕事でも何かにつけて中野市の農業や跡を継いでくれた弟の農業経営が頭に浮かぶし、地元の関係者の来訪も多く、故郷との一体感はずっと保ち続けている。

わが子に故郷の名

ただ気になったのは、公務員宿舎を転々とせざるをえず、故郷などといっても何のことかわからなくなることが予想される子どものことであった。

私には、あちこちを転々として歩き、故郷を持てない人が可哀相《かわいそう》でならなかった。いま風にいえば、自らのアイデンティティがわからないはずである。私は、何十年たっても語り合える友、親も子も皆、知り合いの隣人といった自分の拠《よ》って立つ社会があることが心の安定につながるはずである、という確信を持っていた。

そこでまず考えたのが、子どもを弟に預けて私と同じ小学校・中学校に行かせるというとんでもない手法だったが、妻の反対と弟の事情でとても実現不可能であった。

そこで次に考えついたのが、子どもの名前にしっかりと故郷の痕跡《こんせき》を残し、その上で頻繁に実家に連れて帰ることだった。そして、長野と無縁の妻との折衝である。

「どうせ父親の言うことなど聞くはずもないし、せめて名前ぐらいに趣味を出させてくれ」と懇願し、子育ての基本方針はすべて妻に任せることと引き替えに、願いを聞き入れてもらった。

長男は「信州」と書き、「のぶくに」と読ませ、次男は中野出身の作曲家中山晋平《しんぺい》の「しんぺい」という読み方をもらい、「しん」の字は隣の豊田村《とよたむら》出身の作詞家高野辰之《たつゆき》の辰をもらい、「辰平《しんぺい》」と名づけた。第一子の長女には、信濃の枕詞「みすずかる」からとって「みすず」とつけたかったが、当時の人気テレビキャスター田丸美寿々《みすず》と同じなのがいやで、豊葦原《とよあしはら》の瑞穂《みずほ》の国からとって「美寿穂《みずほ》」と命名した。

母は、

「日本、長野県、中野市と豊田村とだんだんしみったれて小さくなった」

と冗談半分に嘆いた。私は省内では、長女の名は、

「農林水産省への忠誠心の表れ」

と冗談を言っている。もちろん、ほとんどの人は信じようとしない。

世の中には同じ発想の者がいるもので、私の高校の同級生で、前述の秋葉会の主要メンバーであるKは、二人の男の子と一人娘に、穂高《ほだか》、信濃《しなの》、梓《あずさ》（娘）と名づけていたことを後で知った。十数年ぶりの同級会で会って年賀状をやりとりしだしたところ、妻が、

「長野を愛する友の会の熱烈会員一号、二号だわね。まったくどうしてこういう似たような変な発想をするのかしら」

と呆《あき》れることしきりであった。

故郷を認識させる

案の定、宿舎を転々とし、とうとうパリくんだりまで転勤する羽目となり、美寿穂が小学校一年生の時から三年間、パリのブーローニュの森のすぐ近くのアパートに住んだ。ほどなく、妻に、

「篠原さんは長野県出身ですか」

という電話がかかってきた。日本人会で、フランス語のよくできない幼児を抱える主婦の助け合いのため子どもの名前、齢を会誌に載せ、子守を融通し合う仕組みがあった。その会誌に書かれた「信州《のぶくに》」の名前から、前記の電話となり、私はパリの長野県人会に入会することができた。信州《のぶくに》のおかげだった。信州《のぶくに》は少々日本人の発音とは違うが、ともかくノブクニと呼ばれ、わが名のユニークさには気づいていなかった。

三年後、美寿穂が小学校四年生、信州《のぶくに》が小学校二年生の夏に帰国した。三年間の現地校通いで平仮名がやっとで漢字など知る由もなかったが、私が何かの機会には子どもたちに名前のいわれを話していたので、自分の名前の漢字だけは形として頭の片隅に残っていたようである。帰省時のあさま号の広告に「信州《しんしゅう》何々」とあるのに気づき、それが自分の名前とわかると、「ここにもある。あそこにもある」と飛び回り、無邪気に辰平に得意がって

いた。ところがいまは、悪友からは「しんしゅう」としか呼ばれず、わが名のユニークさを改めて痛感しているようだ。

一方、辰平は、姉兄がピアノを習っているのを見て、習いだし、名付け親の私を喜ばせた。その後も不思議に楽しく続け、時々自作の変な歌を口ずさんでは妻に叱《しか》られている。私は、

「立派なシンガー・ソング・ライターであり、ひょっとすると欲張った名前の御利益かもしれないから、そんなに怒ることはない」

と辰平の味方をしている。

故郷の景色でいうと、毎日眺めて育った高社山《こうしゃざん》（「たかやしろ」とも呼ばれる）も志賀《しが》の山々も好きだが、長丘丘陵にのぼり、崖《がけ》の下に千曲川《ちくまがわ》を、そして遠景にリンゴ畑や豊田村の棚田を見る眺望が大好きである。セーヌ川の見晴らし台でもライン川でも、つい、

「あっ、ここは千曲川の景色と同じだ」

と言っては、

「何を言ってんの、ここはフランス（ドイツ）よ。ムードを壊さないで。せっかく外国で旅行をしているというのに」

と妻に叱られた。

私は時間があると私のビュー・ポイントに辰平も強制的に連れて行くことにしている。そして、帰省する時はいつも飯山《いいやま》線上今井《かみいまい》駅下車、すなわち豊田村経由である。理屈よりも実施で故郷を認識させることに意を用いている。

フランスには冬休みがあり、子どもたちは一週間単位のスキー学校へ何回も行ったことから、すっかりスキー好きになった。私がべつに意図的にやったわけではないが、これが帰国後有効にはたらくことになった。

よくしたもので、三人とも大のスキー好きで、冬は必ず中野の実家からスキー場通いである。長野冬季五輪も手伝い、信州《のぶくに》は、

「スキーのできる三学期だけ中野の学校に転校したい」

などと、突飛な、父親泣かせのことを言い出す始末である。妻は、私がスキーをエサに子どもたちを洗脳し、長野好きの方向にマインド・コントロールしていると非難するが、子どもたちは私の意向に反し、残念ながら「牛に引かれて善光寺参り」ではないが、スキーにつられて長野帰りである。

美寿穂は小学校一年生からパリへ行ったので日本語なり日本的なものの考え方がすり込まれていたが、信州《のぶくに》や辰平にいたっては日本のことなど少しも覚えていなかった。パリの学校も国際的でいろいろな国籍の子もいたようで、親とはまったく異なった価値観が身に

ついてしまったようだ。

私が親のせいですまないと思う転校も何とも思わないどころか、

「どうせ二〜三年のつきあいなのだから、適当につきあっていればいい」

などと言い出す始末である。もうあちこち動き回らざるをえないと観念してしまい、故郷とか竹馬の友などという概念ははなから存在しないのだ。しかも、美寿穂は小学校だけで三回も転校しており、手のほどこしようがない。

したがって、私としては地道な努力を重ねるしかなく、寅《とら》さんの映画を観る時は、

「寅はあちこちふらついてても、ちゃんと帰る所があるからいいんだ。こういう所がない人間は寂しいぞ」

と下手な解説をしては、

「また、中野の家がいいと言いたいんでしょう」

と見抜かれている。

かくなる上は思想教育や情操教育をあきらめて、胃袋や舌に故郷を教え込んでいる。そうなると実家のリンゴ、モモ、ブドウ、ラフランス、アスパラガスと材料には事欠かない。妻も負けじと広島県尾道《おのみち》市の実家からミカン類を送ってもらっている。

幸い、新幹線と高速道路のおかげで、物理的にも故郷・信州が近くなった。

故郷へいつの日帰る

前述の高校の同級生Kは、いつの間にか妻子も妻の実家（養子に行っている）に返し、本人は金帰月来の単身赴任で、私の理想の姿、というより次善の姿として描いたとおり、三人の子どもに生まれ故郷を残してやっていた。全国展開をしている大手製パンメーカー勤務であり、あちこち転勤したが、本人が犠牲になって見事に故郷をプレゼントしてやったことになる。結婚が早かったこともあり、なんと三人とも同じ日に長野で結婚式を挙げ、両親はもう大仕事を一挙に三つやり遂げている。

妻はこの話をすると、

「長野を愛する友の会の会員を妻にしなかったことが、お父さんの失敗のもと」

とまったくとり合わない。私は逆に結婚が遅かったため、末っ子の辰平はまだ小学校四年生で先は長いが、もうKのように妻子を先に長野に返して逆単身赴任というような芸当はできそうにない。それでも中学生の信州《のぶくに》は運動神経がしれている親の遺伝を知らずか、

「高校は飯山南高校（体育の特別学科がある）へ行って、オリンピックのスキー選手になりたい」

などといまだ夢を追っており、

「現実離れしているのはお父さんそっくり」

と妻を嘆かせている。

いまとなっては、私は子育てを終えてから故郷へ帰るしかなさそうである。そして、せいぜい帰省先を確保して、今度は孫でもじっくり育ててやろうと淡い夢を見ている。それまでの間は、三人を連れてせいぜい頻繁に帰省するしかない。

田園ルネッサンスの時代

永続できる農林水産業

二一世紀の大課題は、環境、人口、食糧、そしてエネルギーである。これらはすべて、農林水産業に関連していることだ。

環境でいえば、人間も自然のサイクルの中で生きていかざるをえない。二〇世紀はそのことを忘れ、傲慢《ごうまん》にも経済効率一辺倒で工業製品を作ることばかり続けてきた。必要があって作っていた時代とは明らかに変わり、一九九七年の地球温暖化防止京都会議では「経済成長を抑えてでも環境を考えよう」と話し合われた。このままでは地球の存続自体が危ういところまできている。

いま「産業ゼロ・エミッション」という言葉が使われているが、これは「個々の企業活動で発生する廃棄物を、多様な産業を組み合わせることでゼロにしよう」というものである。国際連合大学で初めて提示されたのだが、これを受けていま各企業や行政が多様な動きをみせはじめている。これなども、どうしても農業という産業が中心に据えられることになる。なにも目新しいことではなく、昔は当たり前にやっていたことであるが。

その意味では、農民や市民が中心となって家庭生ゴミの堆肥《たいひ》化に取り組んでいる山形県長井《ながい》市のレインボープランも同じである。家庭や事業所から分別回収した生ゴミで堆肥を作り、その堆肥を農家に供給し、それで生産された農産物を消費者が購入する。市民参加型のまちづくり活動で、農家、消費者、流通、行政が一体となってはじめて可能なシステムといえよう。

農業はもともと、燦々《さんさん》と太陽がふりそそぐ中で自然の恵みをいただくものであり、生業《なりわい》であり、産業なのである。土から生まれたものを最終的には土へ返していく。本質的に廃棄物を出さない唯一、永続的な産業である。

それにしても、現在はあまりに食べ物を激しく動かしすぎる。産業ゼロ・エミッションもレインボープランも、基本的に有機農業をしている人たちがよく言う「地産地消」になっていくわけである。昔の日本でいわれた「身土不二《しんどふじ》」も、いまや韓国農協グループのスローガンとなっているが、これなども食べ物の移動はなるべく少ないほうがよい、という考え方である。太平洋を越えてボリュームのある穀物を移動させるとなると、ポストハーベスト農薬も必要となり、食の安全性に問題が生じることになる。また輸送による汚れも生じる。

農地を有効活用する義務

「都会が田舎を養ってやっている」

と言う人がいるが、とんでもない話である。食料の生産基盤が脆弱《ぜいじゃく》な国がいかに危ういものか、まったくわかっていない人の言うことだ。他の国でこんなことを言う国民はいない。都会に住む人は、生産に携わらない〝危うい存在〟なのであるといえる。農村に暮らし、農業を生業とする人たちこそ、どっしり自信を持って生きていけるのである。バブルの崩壊とか、金融不安とかは短期的には問題でも、この国の将来にとってさほどの問題ではない。

ただ、農業も人間が森や草原を都合のよい作物を作る田畑に変えている点で自然破壊なのである。だから、限られた農地を有効に使っていかないといけない。専業、兼業の別なく真剣に農地を有効利用する義務がある。

「日本は狭いから、農業に向いていない」と言う人もいるが、これも違う。砂漠化が進み、地球規模で農地が減少している中で、日本ほど農業条件に恵まれた国はないのである。降雨量は年間一八〇〇ミリ以上もあり、太陽の光もヨーロッパと比べて雲泥の差で、緑は抜群に豊かだ。阿蘇山のふもとで採れる一ヘクタール当たりの牧草の量は、イギリスの一五倍である。土地の生産力、人口支持力が格段に違うのだ。

これが日本の誇る資源なのだ。石油はなくとも、日本には自然資源、リサイクル資源が豊富にある。これを有効活用するというのが、これからの日本の進むべき方向になるであろう。誤解のないように述べておくと、貿易量をゼロにするべきだというのではなく、「自ら作れるものは最大限作り、足りないものは輸入する」と言っているにすぎないのである。不要なものは作らず、国際的にもつつましく、環境にやさしい国家をめざすということである。

子どもと老人の住める農村

そう考えていくと、農業・農村の役割というのはじつに大きい。環境にやさしい国家をめざす意味で大きいし、子どもを育てる場としても、お年寄りが生きがいを持って暮らせる場としてもそうである。

自然が豊かで緊密な人間関係が育《はぐく》まれる農村は、子どもが育つには最適な環境だ。田舎でじっくり、ゆっくり成長した子どもが最も好ましい人格形成がはかれる。アメリカの研究では「優秀な人材が出るのはスモールコミュニティー（小さな地域社会）だ」ということである。家や近所に、おばあちゃん、おじいちゃんがいることも、きわめて自然なかたちである。広い世代と接する社会でないと子どもにはよくない。人間が疎外される都会からすれば、こんなうらやましい環境はない。

平地農村は、まさに日本の強さの根源がまだ保たれているが、中山間地域になると悲惨な状況になっている所もある。たとえば、近所に子どもがおらず、遊び相手もないため、テレビばかり見たり、ゲームに熱中するしかないというのだ。それに加えて、農業だけでは食べていけず、両親がそろって勤めに出ているため、食事もおろそかにならざるをえず、コンビニ食品が大流行の所もあるという。これでは田舎の良さも何もなく、考えねばならない大問題である。都会の悪いところがそのまま拡大されてしまっているのだ。

老後を考えてみても、がんこじじい、くそばばあと言われたって知っている人が大勢いる農村のほうが、さびれたマンションの一室で白骨死体で発見されるよりずっといいだろう。ただ、老人ばかりになるのは大問題である。

農業・農村が循環社会の見本に

いま、都会の人が、自分のふるさとを持ちたいと思っている。新規就農希望者もふえている。若い人もいるが、圧倒的に多いのは元気な定年退職世代である。ここ一〇年、二〇年、急激にそうなってきているが、この傾向はこれからもっと顕著になるはずだ。変わるべく方向へ、なるべく方向へ、少しずつでもこの国の進路は移らざるをえないのだ。

これに拍車をかけるのが行政なりＪＡ（農協）の重要な役割である。有機農産物を作る生産者と消費者の提携、援農、農村を訪ねる旅などを積極的に消費者へ向けて企画していくべきであるし、都会からやってくる年配の新規就農のパワーをいかに地域の活性化に結びつけるか、その手だても急ぐべきであろう。

有機農業についても、もうアレルギーはなくなった。かつては大多数の農家が耳を貸さなかったが、いまやすっかり変わった。命にかかわることでもあるし、コストの削減を考えたら理にかなっている、ということに気づいたのである。

できるところからやればよいと思う。農村には、エネルギーにしても、食料にしても、自分で工夫すればできる部分がたくさんあるのだから……。ところが、都会にはそれがあまりないのである。

環境、高齢者など、最重要のテーマで、農村地域社会こそが日本の進むべき途《みち》を示していく時代が刻々と近づいてきているのである。

第4章 ヨーロッパ農村の包容力

ワイン街道とブドウ畑の景観

フランスといえばワイン

フランスといえば、酒好きならずともワインを連想する人もいるぐらい、フランスとワインは切っても切れない縁がある。私はというと、酒は嫌いでもないが晩酌をするほど好きでもなく、つきあいで飲む程度であり、気のきいた出張者がワインの本を持ってきてくれても、いっこうに関心は湧《わ》いてこなかった。

「せっかくパリにいながらなんともったいない」

と嘆き、かつうらやましがる者も多かった。

ただ、何回も飲んでいると好みぐらいはできてくる。私の場合は、赤と白なら、赤、そしてなんとなくボルドーものが口に合うようになっていった。

ワインよりも嗜好《しこう》に変化があったのはチーズで、最初はどうも臭く、口の中にはりつくようで好きになれなかったが、いつの間にか赤ワインとやわらかいチーズの組み合わせの妙に生唾《なまつば》を飲み込むまでになった。永年にわたり培われ万人に愛《め》でられたものは、やはりそれなりの良さがあるのだろう。

しかし、私にはどこの銘柄のワインじゃないといけないとかいう気はまったくなく、出されるもの、すすめられるものを飲んでいるだけで十分だった。

通はどのワインが一番だとかワイワイガヤガヤかまびすしく、ＯＥＣＤ（経済協力開発機構）代表部の忘年会の余興でも、ボルドー、ブルゴーニュ、アルザス、ローヌ、ロワールと違った産地の赤ワインを当てるゲームがあった。私は数人しかいない全部間違いの一人であった。

意欲の点でも才能の点でも、とてもワイン通になれそうもなく、日本の口さがない人たちには「コンクリートの舌」（つまり味がわからない）と陰口をたたかれながら、地の利を生かせない平凡な食生活を送っていた。さらに仕事に明け暮れ、一年半後の年賀状に美術館もオペラも行ってないと記《しる》したところ、本省では「ガラスの眼」「ろばの耳」と悪口を言われ、パリに住む資格がないと酒の肴《さかな》にされていた。

シャトーだらけのボルドーのワイン街道

私の興味は、ワインそのものよりもむしろきれいなワイン畑にあった。小さい頃からりンゴ作りを手伝い、初任給もリンゴ箱何箱分という換算がいちばん頭にピーンとくるぐらいだから、果樹園のほうに気がとられて当然である。

慣れない英語の会話に追いまくられた一年が過ぎた一九九二年の夏、妻の大学時代の同級生がボルドー大学の醸造研究所に留学していたので、一家総出で出かけていった。この女性研究者は、大蔵省の醸造研究所から派遣された才媛《さいえん》で、ボルドーのいわゆる「シャトー巡り」(醸造所巡りのこと。シャトーは城の意味)にはピッタリの人だった。

五〇〇〇以上のシャトーがあり、うち三〇〇〇ぐらいは名の通った銘柄ワインを世界に送り出している。数日かけても飽きない人には楽しいものらしいが、こちらは、七歳を頭に三人の子連れ、初めて見る低い畝《うね》の続くブドウ園、それに開かれた見事な建物には心を魅《ひ》かれても、同じようなシャトーが続くとなるともう我慢の限界を越える。フランス語でなく日本語で説明してもらい、しかもそこらそんじょのにわか講釈師と違うワインのプロなのに、途中で中断し、すぐ近くの海水浴場へ急がざるをえなかった。

その夜の食卓では、用意してくれていたとっておきのボルドーワインをいただいたが、いまとなってはその名前も覚えていない。

日本のブドウの産地は山地がほとんどだが、ワインのメッカ、ボルドーは、ガロンヌ川、ドルドーニュ川の河口に広がる石ころだらけの荒れ地にある。もともとは、ほかに作るものがなく、仕方なくブドウを植えたことから始まったという。しかし、砂地で水はけがよく、根の張りがよくなり、温和な西海岸性気候とくれば、芳醇《ほうじゅん》な味のブドウができる条件がそろっていることは確かである。

小さい頃、よくリンゴの消毒で「ボルドーをぶってくる」という言葉が使われていた。その分聞き慣れた名でもあり、親しみが湧いたことは確かである。

かゆい所に手が届くアルザスのワイン街道

二度目のワイン街道巡りは一九九三年秋、アルザスである。物の本によると、ワイン通が高じて産地に行きたくなる、とある。私の場合はそこまで到達していなかったが、どこのワイン街道も人気上々なようで、家族連れであふれていた。

ボルドーのような便利な案内者はいなかったが、フランスの空気にもようやく慣れて多少観光も楽しめるようになっていたし、何よりもこじんまりしていて起伏に富んだ地形が飽きさせなかった。

のどかな景色とは裏腹に、ボージュ山脈の山麓《さんろく》アルザスは、何度となくフランスとドイツの間を揺れ動いた厳しい歴史を持っているが、旅人にはそんな気持ちをまったく抱かせないほどゆったりしている。ブドウとリンゴの違いはあれ、故郷・長野を思い出さずにはおれなかった。やはり、いつまでたっても慣れ親しんだ原風景が心にやすらぎを与えてくれる。私などは、どうもだだっ広く、真っ平らな所は性に合わず、山が見えるとホッとしてくる。その点、山麓の果樹園の規模がパリ盆地の小麦畑などと比べるとずっと小さいのも、親しみが持てる点である。

こんな偏狭な趣味は自分だけかと思っていたが、パリ在住の日本人の中でもイタリアファンが比較的多く、その理由が、ゴミゴミしていて日本と似ているから、という。

三歳までの味覚が大切とか、食の好みに関して言われるが、味覚だけでなく、ひょっとして視覚の趣味も意外に早く定まるのかもしれない。

われわれ日本人がフランスについて抱くイメージは、ファッション関係にしろ料理、ワインにしろ、シャレた国ということが第一に挙げられる。確かにそのとおりで、随所にその感心する気配りがみられる。その一つに、レジャーに対するシステムの見事さがある。

ワイン街道には、辺りの景観を壊さないように気を使いながら、一目でわかる標識が掲げられており、私らのような初心者でも、よほどの間違いでもしないかぎり、目的地にたどり着ける。

そうしたときの強い味方は、ミシュラン（有名なタイヤメーカー）のそれこそ気のきいたガイドブックである。まずは赤ミシュランのホテル・レストランガイド、次がていねいこの上ない名所・旧跡案内の緑ミシュラン、そして最後が精緻《せいち》な地図である。この三種の神器があれば、ほとんどどこへでも出かけられるのだ。

よく言われているとおり、見苦しい立て看板はほとんど見かけない。その代わり、必要な道路標識は要所要所にきちんとあり、まったく不自由しない。日本だと、何々旅館へ何キロメートルといった余計な看板のみが目立ち、肝心の方向や距離数がさっぱりわからないことのほうが多い。

道路も、世上ドイツのアウトバーンの評判が高いが、実際に走ってみるとでこぼこが目立ち、道路網もフランスがいちばんしっかりしている。

そして、何よりも心にくいのが、ワインの好事家用だけでなく、しっかりとワイン街道とレストラン、きれいな町並みを結びつけて、観光客を楽しませてくれるように諸条件を整えてくれていることだ。

レストランにしても三つ星レストランから庶民的なものまで、予算や趣味に合わせてよりどりみどりであり、宿も高級ホテルから農家民宿まで、それぞれ情報を満載したガイドブックがそろっている。私はついに手にしなかったが、ワインについての蘊蓄《うんちく》を傾けた本など数知れない。

とにもかくにも文化の香り高い、奥ゆかしい国である。

静かなシャンパン街道

二つ行ったとなると、つい他の所もと食指が動き、ついでに回ったのが、パリの東方に位置するシャンパン街道である。

シャンパーニュ地方の名前がそのままシャンパンに使われているのだ。ブドウの産地としては、北のほうに位置し、南の太陽の恵みを受ける産地との競争があったという。いつしか、一度でき上がったワインを瓶《びん》に詰め糖分を加えて再発酵させ、そこで発生した炭酸ガスでワインに発泡性を持たせるという独特の作り方が定着していった。あのポンと栓が飛び出て、いかにもお祝いにピッタリの泡が出てくるシャンパンは、ひょっとしてワインよりも知られているかもしれない。

しかし、その知名度のわりには、さっぱり観光地らしさはなく、ただただ、なだらかなブドウ畑が続くだけであった。

道の要所要所にはシャンパン街道の標識が置かれていて、前の二つの街道と同じく迷うことはなかった。

途中、何度かブドウ畑に立ち、ピノ・ノワールというブドウをちょっと失敬してみたが、あのすっきりしたシャンパンの味を彷彿《ほうふつ》させるものがあった。

見上げたブルゴーニュの品質管理

そして、ワイン街道巡りのきわめつけは、やはり、ボルドーと並ぶもう一つのワインの雄、ブルゴーニュである。おいしいワインにフランス料理はつきものであり、三つ星レストランもこの地方に四店もあった。

三年の任期の最終年に意を決して三つ星レストランの食破に乗り出したが、その手始めがブルゴーニュであり、秋も深まった一一月の連休を利用してグルメ旅行に出発した。

もちろんブドウ畑はすっかり葉も落ちて、かつての面影はない。しかし、古都ディジョンからサントネーへの街道沿い、七〇〇〇ヘクタールのブドウ畑の連なるコート・ドール（黄金の斜面）は、その名にふさわしく太陽の光が燦々《さんさん》と輝いていた。

山々は赤や黄色に色づき、と言いたいところだが、ヨーロッパの山にはなぜか紅葉が皆無に近い。黄色い葉もそれほど多くなく、かつ鮮やかさに欠ける。秋の山々の景色はわが日本が断然上である。

ワイナリーに入ると、これでもかこれでもかとていねいに説明してくれる。こちらがよくフランス語がわからないとわかると、あまりうまくない英語で一所懸命説明しだす。ついほだされて数本買うはめになる。しかし、そこは大型車、ベンツでの旅行なので、トランクにそこそこ入るので、それほど心配はない。

試飲はどこでも自由にでき、よく見ていると、皆、相当念入りに飲み比べている。アルコールに強いヨーロッパ人はいいが、私などは数杯試飲すると、もうそれ以上飲む気はしなくなった。

ボルドーもブルゴーニュも量的にはそれほど多くないが、「グラン・クリュ」と呼ばれる最高級ワインの多くを生み出している。その品質管理ぶりは、地下の酒倉を見るとよくわかる。見事に並んだ樽《たる》にカビのようなものが生じ、いかにも年代ものという感じが出ている。たぶん、いまの技術を駆使すれば手数も省いて大量生産が可能であろうに、そんなことはまったく眼中にないようである。

ヒルズUSTR（米国通商代表部）代表が地元カリフォルニアのナッパ・バレーでホステスを務めた四極通商会議に参加した折、夕食会はモンダヴィ・ワイナリーで延々六時間にわたった。その前に見物した酒倉は大きなステンレスのものであり、建物はいかにも欧風だったが、中味は明らかにアメリカ式であった。アメリカでは、いかにまねようと、効率が邪魔をして、フランス式はとても導入できまい。そして私のような特別なワイン党でなくても、フランススタイルに軍配を上げるのではなかろうか。

話をブルゴーニュに戻すと、別の機会に、さる観光団体と一緒に行ったこともあるが、驚いたことに、「日本に持って帰る」と言ったら、「売らない」と言い出したのだ。理由は、「冷たい飛行機の中で揺られていくとまずくなるので、ダメだ」と言うのだ。なんとも珍妙なこだわりと思えたが、それだけ自分のワインを大事にし、責任を持っている証拠である。

二〇〜三〇人の大団体だったし、試飲の量もバカにならなかった。私はてっきり案内料ももらっているのかと思って、添乗員にいくらぐらいお礼にやっているのかと尋ねたところ、なんと一般の訪問者と同じだという。それは中には、銘柄名を覚え、将来の上等の顧客をつくる可能性もなくはないが、日本のあまり上品ともいえない団体への過剰サービスか過剰投資としか映らなかった。

見習うべき自己認証制度

フランスのワインの格付けは、必ずしもすべて国が定めているものではない。いわゆる自己認証の一つで、あくまで自分たちの取り決めによる格付けである。

日本では灘《なだ》で造られない灘の生一本が多いという。つまり、ラベルだけは有名銘柄にして、他の所の酒蔵のものを平気で出しているという。お茶にしても、鹿児島県は生産量では静岡県に次いでいるのに、出回っているのは相変わらず静岡茶が圧倒的であり、鹿児島茶は宇治茶（京都）よりも知られていない。

それに対し、フランスのワインは、年によっては一本も最高級もののないこともある。日本なら、多少不作でもいつもどおりの格付けをして出荷してしまうであろう。

自らの製品に対する並々ならぬ気遣いが伝わってくる。他産地のものにシャンパンの名称を使ってはならないという原産地呼称の主張も、こうした厳しい態度を知るにつけ、むべなるかなと納得せざるをえない。

ここまで徹底すれば、いくらカリフォルニアワインの質が高くなったとか、オーストラリアのハンター・バレー産が良いとかいっても、フランスのワインの愛好家は減ることはあるまい。

ただ、レストランで冗談半分に聞いた話では、最近は、日本人があまりに高級ブルゴーニュワインを買いあさるので価格が上がり、地元のフランス人には手が出せなくなっているという。さすが、一般のワインは量が多いのでそこまでいたっていないが、コニャックは、フランスで消費されるよりも日本への輸出量が上回った年もあったという。金持ち日本は、絵画を買い占めているだけではないようである。これは嫌われて当然である。

サントリーが円満に、ボルドーのシャトー・ラグランジュを買い取って順調に進んでいると聞く。しかし、日本資本のブドウ畑の買収に反発が生じたこともあった。そういえば、五〜六年前、成田からボジョレー列車を走らすといったバカ騒ぎもあった。フランスのワインを楽しむのもいいが、金にあかせて度が過ぎることは慎まねばなるまい。

産地のイメージを売る

フランスのワインの話が中心になってしまったが、ヨーロッパはいずこもワインがうまく、生産量ではイタリア、スペインと続く。そして、その土地特有のブドウ畑はどこも印象的である。

私が惚《ほ》れ惚れしたのは、スイスのレマン湖のほとり、ローザンヌ近くの急斜面に続くブドウ畑である。日本人におなじみのグリンデルバルトに行くには、必ずローザンヌあたりを通過する。家族を連れ、両親を連れ、何度か通ったが、リンゴ作りに精を出し続ける齢《とし》老《お》いた両親を案内したが、やはりレマン湖畔のブドウ畑は圧巻だったようだ。長野の場合は、地滑りが恐くてとても山沿いに満遍なく植え付けることはできないが、もともと岩大陸のヨーロッパでは、条件さえよければ、天までブドウ畑にできるのであろう。

また、ライン川沿いは一九九三年春にドライブしたが、なだらかな丘陵に整然と植えられたブドウもドイツ人らしさを彷彿させるものであった。ブドウ畑一つにしても、やはりお国柄が出てくるのだろう。

私は、農林水産省国際部対外政策調整室室長時代（一九八九年〜九一年）の二年間にあちこち出張したが、その合間に前述のカリフォルニアワインの中心、ナッパ・バレーに行く機会に恵まれ、またオーストラリアでは、シドニーからわざわざ車で二時間もかかるハンター・バレーというワインの産地にも出かけて行った。べつにワインに特別興味があったわけではないが、なんとなくブドウ畑の光景に魅《ひ》かれていたことは間違いない。この延長で、気がついてみると、ヨーロッパでも、自分の車の運転なので、ますますブドウ畑の間をドライブするほうに足が向いていた。

どちらが先なのかは明らかでないが、いずこも、ワインという生産物と観光は完全にセットになっている。あまりにおいしいワインなので、どんな所で作られているのか足を伸ばしてみるということもあろうし、逆に、かつて訪ねたあの村で作られたワインだから飲んでみようということもあるだろう。いずれにしろ、賢いやり方であることには疑いがない。

残念ながら、日本ではここまで完全に結びついたものが見当たらない。たとえば、リンゴだけでなく、リンゴの花咲く頃の信濃路は誰にも感動を与えるはずであるが、少しもそういう声は聞かれない。ワインを飲むときに、小高い丘から眺めたブドウ畑を頭に浮かべながら味わっているのであり、よけいにうまさを感じること請け合いである。つまり、農村の景観は、生産物と一緒に売り込めるものなのだ。

わが国でも、週休二日制が定着しつつあり、いつの日か、フランス同様の旅ができるようになることを夢見ずにはいられない。

街並み規制とブーローニュの森

美しいパリの街並み

パリの町並みは美しい。

しかし、一部の広い通りを除き、緑はあまり多く感じられない。とくに四〜五階建ての石のビルが密集する下町には、緑の一かけらも存在しない。事実、パリの緑の全量は、東京よりもはるかに少ない。

ところが、一般的に受ける印象はまったく逆で、パリには街路樹も多く、公園の緑も美しく、とても東京より緑が少ないとは思えない。しかし、パリの人口密度は大都市の中でも相当高く、東京の二倍以上であり、一人当たりの緑の量はじつは東京のほうがずっと多い。

ただ、これには説明を要する。まず、パリのすぐ隣にある森は計算に入っていない。次に、パリには一戸建ての建物はなく、皆、アパート住まいであり、ペリフェリックと呼ばれる環状道路の内側は、世田谷区と同程度の面積しかない。そして、日本との比較において考慮すべきは、まさに、この箱庭つきの一戸建ての家の存在である。東京にはこの箱庭の緑の量が意外と多く、また人口密度を下げているのだ。東京は、いまだ建物の平均階数が二階台であるのに対し、パリはほとんどが数階建てであり、しかも、びっしりと建物が建てられている。

建物規制で景観を守る

パリの建物の高さは、景観を守るために厳しく規制されている。誰しも訪れるトロカデロ広場（シャイヨー宮）から見るエッフェル塔の眺めは、まさに絶景である。視界を遮るものは何一つない。左右対称のコントラストの中に、たった一つ抜きん出た高さの建物があるのは、ナポレオンの眠るアンバリットのみである。

フランスに限らず、およそ先進国では、「京都ホテル論争」は起こるべくもない。景観を台無しにする建物などまったく論外の話で、認められることはない。

それどころか、パリは、主要な通りの景観はそのまま残すことにしており、通りに面した部分は絶対にいじらせないという信じ難い規制としている。

たとえば、赴任当初、ＯＥＣＤ代表部の二つ隣のビルが外壁のみを残し、全面建て替えに近い工事をしていて不思議に思っていたが、これがまさにその規制対象そのものだったのだ。奇しくも、二年後にOECD代表部が例のビルに引っ越すことになったが、驚いたことに中身は全面新築と同じだったのだ。全部取り壊して新築するのと比べ、一体どれだけコストが増したかはかり知れない。

こうして、パリ市民も訪れる観光客も、昔と同じ優雅な趣を楽しめるようになっているのだ。文化遺産や景観の維持には膨大な金がかかることがよくわかり、いかに日本がこうしたことに無粋で無頓着《むとんちゃく》かを思い知らされた。

パリの建物の高さは、制限を超すのがいけないばかりでなく、だいたい通りの広さに応じて決められている。広い通りに面したところは八階、車一台がすれ違う程度の広さの道路の場合は四階といった具合で、道路にいて圧迫感のあまりないように決められている。だからこそ、パリの美しい町並みを描くユトリロが生まれ、遠近法がそのままあてはまる絵が描けることになる。日本のように、建物の高さがバラバラだと同じものは描きようがない。そして、エッフェル塔をまねて作った東京タワーも、周りの景色は似ても似つかない雑然としたものになり、二度と行く気がしなくなる。

東京の都心は、どんどん空洞化が進み、夜は人の住まない町になりつつある。しかし、パリは、ど真ん中にも子どもも高齢者も住んでいるぬくもりのある都市でもある。芸術家に限らず、パリに住んで嫌いになる者はほとんどいないという。大の都会嫌いの私でさえ、最後は本当に親しみが持てるようになったのだから、それだけ魅《ひ》きつけるものがあるということだろう。

規制なしには環境は守れない

世の中あげて規制緩和の大合唱であるが、景観維持に代表される環境の保護は、規制なしには成り立たない。

パリの名所旧跡に当たるところには余計な看板は皆無であり、これはあちこちの農村にドライブに行ってもさして変わりはない。

パリにも規制がない所があるが、どうも日本企業の見苦しい広告ばかりが目立つ。この点は、東欧諸国を訪れたときも同じで、見事な夜景の中に一つ変なネオンサインがあるなと思って見ると日本企業のものであった。規制がない所なら、日本だろうと他の国だろうと、儲《もう》けのためなら恥も外聞もないというのが、わが国の企業の論理のようだ。

シャンゼリゼ通り、セーヌ河沿いは、とくに規制が厳しく、昔のままの姿が残されている。夜のライトアップも、ライト自体は見えないように工夫されている。

圧巻は、クリスマスの飾りである。一斉に単色の電球が街路樹に飾られ、電球の大きさも統一されている。凱旋門《がいせんもん》から眺めると風に揺れる小さな豆電球は、それは美しく、長男は何度も連れて行ってほしいとせがみ、行くたびに「写真を撮って」「ビデオに撮って」とせがんだ。子ども心にもよほど印象に残ったのだろう。

看板の規制や周りの景色との調和については、彼我の価値観の違い、美的意識の差も少しは仕方がないとあきらめもするが、どうしても納得いかないのが、わが国で所構わず置かれている自動販売機である。これが、ヨーロッパ諸国にはほとんどない。まして、観光名所の教会の横に置いてあることなど皆無に近い。わが国では、興ざめするほどいたるところに置いてある。この大きな格差には愕然《がくぜん》とせざるをえない。便利ならよい、売れればよいといった安直な考え方は日本だけのいやしさのようである。

緑の空間を共有するパリ市民

フランス人は、自然が好きで、ことのほか森が好きなようである。花も大好きで、消費量も多いという。高速道路の駐車場には必ず木が植えられ、その下で簡単な食事ができるようになっている。さらに、森林面積は徐々にふえつつある。また、どんな田舎に行っても、小ぎれいな花壇が多くあり、窓辺に花の鉢植えが置かれていることが多い。

これだけ自然が大好きなのに、高密度都市パリの住民は、箱庭すらもない高層住宅のアパート暮らしである。いわゆるゾーニング（境界画定）が厳格になされており、ペリフェリックの中でも数十階建てのところもあり、またデファンス地区と呼ばれる副都心は、まさに未来都市そのものである。どこかの国のように、都市周辺の農地をことごとく宅地に替えることもなく、パリ郊外はすぐ緑の田園となる。城郭都市の名残といえばそれまでだが、都市においては自分だけの緑の空間を求めるのは無理と承知しているのだ。これまた、箱庭つきの一戸建てに固執するわが国の欲望過多の都市住民とは大きく異なる。

その代わり、緑の空間は共有で享受する仕組みができ上がっており、その代表がブーローニュの森とヴァンセンヌの森である。

ちなみに東京の山手線内をパリ同様にすべて一〇階建てのアパートにしたら、ブーローニュの森の一つくらいはすぐでき上がるという。つまり、限られた土地を有効活用したら、いくらでも同じことができるのだ。東京では森はとてもできそうにないが、地上げにより、小さな家や商店が追い出されている。まさに、都市計画の貧困の故である。

このほかにも、パリ周辺のイル・ド・フランスと呼ばれる地域には、有名なフォンテンブローの森のほか、いくつもの何とかの森がある。こうした森は、手入れが行き届いている所もあり、また、そこそこ自然のままの状態に残されたところもあり、目的に応じて、いろいろ楽しめるようになっていた。

にぎわう週末のブーローニュの森

一〇階建ての大きなアパートの五階にあったわが家は、幸いなことに共通の中庭があった（余談になるが、当時の首相ベレゴボワは、同じエレベーターの一〇階の住人だった）。しかし、三人の子どもが遊び回るには狭すぎた。そこで、ほとんど毎週のごとく出かけたのが三〇〇メートルの至近距離にあるブーローニュの森だった。

パリの西側に位置し、面積約九〇〇ヘクタール、広さは日比谷公園（二〇ヘクタール）の比ではない。レジャー施設もだいたいそろっており、まさに、パリ市民の憩いの場となっている。

わが家の利用の手始めは、子ども用の広場であり、動物園だった。次は自転車乗りで、これはすっかりやみつきになってしまった。日本では、せっかく自転車を買ってやったのに、乗る場所がなかったため誰も乗れなかった。そこで、あまり人の多く来ない所で練習を始めたところ、六歳の娘と四歳の息子が三週目の同じ日に乗れるようになった。大人用は一台しかなかったので、友人から譲り受け、家族五人でサイクリングコースはもちろん、その他の小径《こみち》も縦横無尽に乗り回した。

フランス人も、乗馬、ピクニック、ジョギングといろいろ楽しんでいたが、最もよく目につき日本人によく理解できないのが、森の中をひたすら歩き回ることだった。森の中の散策ルートも地図に記されているが、地図にない道なき道を行く人のほうがむしろ多い。

日本では、十数年前より、森林浴という言葉が流行し、心を静めるフィトンチットなるものが森の中にあるとか言われだしたが、フランス人の森好きは想像をはるかに超えている。

しかし、よく考えてみると、人類の祖先は、森の中で暮らしていた猿だというし、数百万年に及ぶ記憶が遺伝子の中に刻み込まれているとしたら、人が緑を、そして森を求めるのは当然ということになる。つまり、森の中の緑の空間こそ、最も心の安まる人類の原郷といえる。

ヨーロッパの森は雨も少なく、下草もそれほど生えない疎林で、近づきやすいということもあろうが、世論調査によると、休日にどこへ行きたいかという問に対して、六〇％の人が森と答えるという。それに対して、日本人はわずか二％しか森と答えないという。この差が、彼我のディズニーランドの隆盛の差にも表れているのだろう。

今後は、週休二日制の完全定着とともに、少々事情が変わり、日本でも森へ行く人がふえてほしいと思っている。

パリ近郊の野草の穴場

ブーローニュの森の中で、わが家が好んで行ったのは、プレカトラン公園という芝生と四季の花の美しい公園だった。わが家から、森の中の土の小径を行くと、ちょうどいい距離にあったからだ。

いつもビニールシートを敷いて寝転がり、私はOECDの分厚い書類を読み、子どもたちはサッカーに興じたりして過ごした。妻はフランス人並みにボケーと昼寝を決め込んでいた。穏やかな平和な時であった。疲れも何もかも吹っとび、時間が止まったように思えた。

ところが、やはり育ちというか趣味というか、こういう所でもすぐ頭を持ち上げてくる。広いブーローニュの森には、野草も木の実もいっぱいあった。サイクリングの途中、私はそれらを見逃すことなく記憶にとどめた。そして、二年目からは、春のフキノトウ、初夏のノビル、ゴボウとブーローニュ産を楽しむことができた。秋はクリ拾いだが、ブーローニュの森はあまりかたまってなく、質も悪かったので、セーヌ川を渡ったサンクルー公園にまで出かけ、そこでクリの密生地を見つけるまでになった。三年目にはフキがそこら中にあるパリの東方三〇キロメートルのフェリエールの森も発掘した。

不思議なもので、あまり興味のないレストランの場所などすぐ忘れてしまうが、森の中の秘めたる野草の場所は、いまでもくっきりと覚えている。

妻は、まだ見ていない名所旧跡が多く、またいつかパリに住みたいという。これに対し、三人の子どもは口をそろえて、

「次は必ず私（僕）が連れてきてあげる」

と調子よく答えた。すると妻は内心喜びつつも、

「皆、口先だけ調子いいのはお父さん譲りだ」

と苦笑いした。

私は、子どもと同じく美術館や教会はもうたくさんだし、パリの街には十分楽しませてもらい感謝の気持ちでいっぱいである。しかし、いつかまた森の中を散策し、自分の探し出した野草の穴場が健在かどうか確かめてみたいと思っている。

生のフランスを味わえる

私は、三年間、にわか外交官（農水省から外務省に出向）としてパリのＯＥＣＤ代表部に勤務した。会議は英語ばかり（フランス語も公用語ではあるが圧倒的少数派）なのに対し、街はフランス語一色。しかし、私はまったくフランス語を学ぶ機会もなく突然、出向を命じられ、年間延べ一二〇日を超える会議に明け暮れ、フランス語はいつになっても手つかずであった。

そうした中で、折にふれフランス文化の真髄にふれるにつけ、はたまたガット・ウルグアイ・ラウンドの農業交渉における根強い農民の抵抗、そしてそれに対する国民の支持などを垣間《かいま》見るにつけ、フランスに対する興味が湧いていった。

フランスでの三つ星レストラン巡り

仕事の合間をぬい、出張者の案内を兼ねて、パリの美術館巡り、オペラ、コンサート等のフランス文化のイロハをかじっても、週末にパリ郊外の城巡りをし、美しい農村風景を見て回っても、ため息の連続ではあったが何か物足りなさが残った。そうこうするうちに、あっという間に二年が過ぎ去っていった。そこで、妻の提案もあり、残された任期一年間で身近でとっつきやすい、地方のレストラン巡りを楽しむことにした。

フランスは食文化大国でもあり、もともとはタイヤメーカーのミシュランが、各地のホテルやレストランを星の数でランク付けし、一冊の本にまとめている。その通称「赤ミシュラン」のレストランの最高位が三つ星であり、フランス国内に二〇店弱がある（毎年、格付けが見直されるため、多少変動する）。第1章でも述べたように、これが日本なら、東京や大阪などの大都市に集中してしまうところだが、さすが本場は違う。パリは五店のみで、あとは地方都市や、大半はこんな片田舎と思われる所に存在する。

私は味に頓着《とんちゃく》しないほうで、前述のとおり、海外出張でお伴した上司や同僚からは「コンクリートの舌」なる不名誉なあだ名を頂戴《ちょうだい》していたので、それに対する冗談半分の反発もあったが、かつて外食産業を担当したこともあり、日本でも地域振興に役立てられないかという仕事上の目的もあった。

各地の農家民宿を楽しむ

とはいっても、地方のレストランには泊まりがけで行かねばならない。当方は、小学校三年の娘を頭に二人の息子が一年おきに続く。適当な宿に困り、片田舎のホテルの代わりに農家民宿に泊まることになった。

現地校でもまれた子どもたちは、農家民宿のおばさんや同宿者と自由に話し、半人前の通訳としても使えることがわかり、その後は、三つ星レストランよりもむしろ、各地の農家民宿を楽しむことが主になった。

私も、代表部内で始まった昼休みと夕方のフランス語レッスンに必死で出席し、フランス農民との初歩的会話をめざした。どこの国でもそうだが、片言でもその国の言葉を話すと、相手は喜んでくれる。失礼なことにそれまで英語で話をしていたが、通じないとなると話をやめてしまい、いやがられていた。ところがフランス語を話しだすと、わからない私になんとか応えてやろうとする親切な人ばかりであった。

こうして、私のフランス人との交流が始まった。フランス人が誇りばかり高く、不親切だというのは、まったく根も葉もない俗説にすぎない。何かもの足りなく感じたのは、フランス人とのコミュニケーションだったことは明らかである。それが、農家民宿を通じて吹っ切れると、フランスにもフランス人にもさらに親しみが湧いてきた。言葉の障害さえなんとかなれば、あとはこんなに便利な国はない。

ミニテルと呼ばれる電話による予約、照会システムが完備しているし、道路はヨーロッパ一整備されており、パーキングエリアには常に木陰とピクニック用のテーブルがあり、道路標識も懇切丁寧である。ミシュランの道路地図は精巧をきわめ、どんな田舎へも誘導してくれる。

私のような一泊〜二、三泊旅行者用には、『Chambres et Tables d'Hôtels』が全国の約六〇〇〇の民宿の情報を満載している。このうち夕食付き農家民宿は約四割強、他は朝食のみ。ミシュランの星の数での格付けに対抗して、農家らしく麦の穂の数で格付けし、部屋数、個室のバス・トイレの有無、乗馬、水泳、釣り等のレジャー情報など必要なことは何でも載っているのでそれらを見て電話予約をし、予約金の小切手を送るだけでよい。

私は、フランスでの最後の一年は、可能なかぎり農家民宿を利用することにした。

格安で生のフランスを堪能《たんのう》

農家民宿の利点は、まず、小都市のホテルに比べてアクセス（目的地までの行き方）が簡単なことである。幹線道路からは少々離れているが、車の旅行には大した差はない。小都市の中では迷いやすいが、田舎の一本道はすぐわかり、かつ、分岐点には必ず農家民宿の方向を示す標識が立っている。たとえ、わからなくなっても、村人に尋ねれば知らない人はまずいない。

二番目には、ともかく安い。ホテルではわが家のような大家族は一部屋には入りきらず、二部屋とらなくてはならないため高くつく。農家民宿は、子ども連れ用の大きな部屋か続き部屋であるところが多く、五人家族でも一泊朝食つきで三〇〇～四〇〇フラン（六〇〇〇～八〇〇〇円）ですむ。夕食がとれるところもけっこうあるが、ワインつきフルコースでやはり格安である。

第三に、子どもには広々とした絶好の遊び場があること。山腹の牧場には、馬、牛、羊が草をはみ、広い庭には、鶏、ウサギなどの小動物が飼われている。道路に飛び出す心配もなく、騒ぎ回って文句を言われる心配もない。

そして最後に、これがいちばん大切なことだが、農家の家族や同宿者と一緒の食事は、なんともいえない楽しさがある。民宿を切り盛りしているのは農家のおかみさんで（旦那《だんな》は農業に専念）、世話好き、話し好きな点は共通している。宿泊客の大半はフランス人だが、時には外国人もいて、さらに会話がはずむ。安い値段にもかかわらず、料理自慢のおばさんの味はいずこも満足のいくものであった。

もともと水準が高いうえに、農家民宿を始めるにあたり郷土料理の講習会も持たれている。それに、その農家やすぐ近くで穫れた食材を利用していることもおいしい理由の一つである。

農村の懐の深さを痛感

最初の農家民宿体験は中部のロット県。大柄の人の良いおばさんと、訛《なま》り丸出しでまくしたてるおじさん夫婦に甥《おい》という一家。初の日本人客ということで、ワインを三本近く空けて歓待してくれた。フォアグラの生産農家で、通信販売もしていたが、さすがに夕食はカモ料理。大きな屋根裏部屋で迎えた朝は、朝日が天窓から差し込み、気分は爽快《そうかい》そのもの。広い庭には鶏が走り回り、隣の牧場では牛がゆっくり草をはんでいた。まさに田舎のど真ん中である。

スペイン国境近くのオード県。山腹の三〇〇ヘクタールの大農場。林の境にはキャンプのテントが十数個、一面に広がる緑の牧場では乗馬に興ずる一団、歴史を感じさせる古い石造りの建物の前には、ライトブルーの小ぎれいなプール。二〇年前から民宿を始めたというだけあって、英語のできるおばさんの接客態度も堂に入ったもので、フランス風バカンスの真髄を見ることができた。

南仏の観光地のちょっと北のヴォクリューズ県。規格品のライトブルーのプールのある庭を除けば、近所の農家となに一つ変わらない平凡な家。子どもは農家の子とも同宿の子ともすぐ仲良くなり、芝生の庭を走り回る。

食事は大きなテーブルに二〇人近くが一緒。ベルギー人が隣に座り、会話にフル参加できない私と女房に気をつかい、あまりうまくない英語で話しかけてくれたが、いつしか会話は大声のフランス語一色。そしてわれわれ夫婦が仲間はずれなのに対し、会話の中心は、彼らには珍しいフランス語がペラペラの日本人の子ども。

「いまの話はお父さんやお母さんはわかっているのか」

という質問に対し、

「少しわかるけど、いまの冗談はわからないから安心していい」

と娘がちらっと私の方を向いて答える。私は本当のところ会話を理解できなかったが、大半が私たち夫婦の方に眼をやりながら大爆笑しているので、われわれがコケにされていることはすぐわかった。

幼い子連れで旅をするとよけいに親切を感じることが多い。見知らぬ人から、息子のスナップ写真が届いたが、農家民宿の同宿者がディジョンの街でわれわれ一行を見つけて写真を撮ってくれ、宿で住所を調べて送ってくれたのだ。また、地中海での海水浴の帰りに寄ったアリエ県では、息子が高熱を出して困ったが、バカンス中で医者も不在のところが多い中、片っ端から電話して、開いている医者を探してくれた。道に迷って尋ねると、わざわざ案内して連れて行ってくれることもよくあった。忙しい都会人と違い、田舎の人は本当に親切である。

農家の活性化につながるグリーン・ツーリズム

しかし、独立独歩を好むフランス農民がこぞって農家民宿に取り組んでいるのではない。一〇〇万余ある農家のわずか二％にすぎず、スウェーデンの二〇％やB＆B（朝食つき民宿）で有名なイギリスの七％と比べても少ない。フランス農業会議所の解説によると、意欲的な若年農業者が副業収入を得んがために取り組んでいるとのことだが、私の実感では、子育てを終えた世話好き、話好きのおばさんがやりだしているケースのほうが多いような気がする。

政府も農村地域開発の観点から、民宿用の改築費に補助を出しているが、その代わり、一〇年間営業の義務が生じる。五部屋未満という上限もあり、四つを最高とする麦の穂の数による格付けも三～五年ごとに厳格に行われている。

その他の受け入れ体制についていえば、道路の整備は、こんな所にまでと思われる山の中まで舗装され、トイレはどこも水洗であった。もちろん、見苦しい看板はなく、近くの名所旧跡の類はきちんと守られ、表示も親切である。見方によっては、買い物や観劇うんぬんを除けば都市より快適な生活ができる。

かつては古い建物の維持、保存が目的だったものが、いまや貴重な収入源となり、過疎の歯止めにもなり、地域の経済にも貢献している。

宿泊客は、車でのんびり旅する子連れの家族が多いような気もしたが、退職した老夫婦から節約を旨とする若者まで、千差万別である。

外国人にも人気が高く、イギリス人、スペイン人、ドイツ人等で、二五％も占めている。ガイドブックに英語等が話せることを明記するところも多い。英文のパンフレットもでき、次のターゲットはアメリカ人、そしてその次は日本人とのことである。

都会人が緑や田舎の人々とのなごやかなふれあいを求めだしたことは明らかである。私は一箇所に一〜二泊しかできなかったが、ゆっくりバカンスをとるフランス人は、一週間単位の農家民宿を利用する。南仏に惚れ込んだピーター・メイルの『南仏プロヴァンスの十二か月』が欧米でミリオンセラーとなり、なんと日本でも六〇万部を超えたというが、田舎志向は、自然や故郷を失った先進国の都会人に共通のものかもしれない。

さて、ひるがえって日本の農村はどうかというと、欧米の専門家にいわせると、山あり谷ありの変化に富んだ景色の上に、棚田や山村がなんともいえず美しく、グリーン・ツーリズムの宝庫だという。そういえば、ひと昔前、民宿好きの豪州大使夫人がマスコミに登場したことがある。どうも、いつも見慣れたわれわれ日本人にはもう一つありがたみのない風景も、平らな国の人々にはうらやましく映るらしい。

日本では大はやりのディズニーランドも、観光先進国フランスではまったく不入りで、倒産も時間の問題といわれている。

日本人もフランス人も自然を好み、それぞれの郷土料理を楽しむ共通点がある。日本もハッピーマンディ制度が導入されるなど、長期休暇は着実にふえており、人々を魅《ひ》きつけてやまない緑なす農村風景も同じだとしたら、足りないのは、グリーン・ツーリズムの受け入れ体制のみということになる。

米の部分開放、後継者不足と暗い話の多い日本の農村に活気を呼び戻すためにも、グリーン・ツーリズムの勃興《ぼっこう》を願うばかりである。

グリーン・ツーリズムの魅力

森の中の安らぎ

一九九一年七月から三年間、前述のように、勤務の関係でパリ一六区のブーローニュの森から三〇〇メートル余りのアパートで暮らす機会を得た。小学校一年生を頭に三人の幼子を抱えていたので、週末は日比谷公園の五三倍の広さというブーローニュの森で過ごすことが多かった。

六歳と四歳の子どもが自転車に乗れるようにするのがまず最初の日課になり、同じ広場に毎週末同じ時間に出かけたところ、いつも同じ人に会うことに気がついた。毎週同じコースを散歩している人が多くいたのだ。うっそうとした森の中での出来事である。

海水浴に対して森林浴なる言葉が使われ、フィトンチットという物質が心に安らぎを与えるといわれた。しかし、そんな説明は不要である。人類の祖先はもともと森の中に住んでおり、コンクリート・ジャングルの中で生きる現代人とて、本人が忘れてもその血が過去を記憶しているのだ。だからこそ、森の中に入るとなぜかしら落ち着いた気持ちになる。

パリの街には一戸建ての家はなく、すべて何階建てかのアパートで、人口密度が東京の倍近い。したがって、緑は公共の場でしか提供されることがない。観光客から見るとどこでも絵のように美しい街並みも、住人には何か物足りないようで、パリの人々は森の散歩をこよなく愛しているのだ。

田舎好きのフランス人

そして、広い森にも飽きたらず、遠くに出かけてゆっくり過ごそうというのがグリーン・ツーリズムであり、農家民宿である。週休二日制はとっくの昔に定着し、一週間まとめてとれる長期休暇が年に五回認められている恵まれた国である。

日本のように一年に一回、いや一生に数回の長期休暇となると駆け足旅行もやむをえないが、毎年五週間の長期休暇があるとなると、否《いや》が応でも長期滞在型になり、かって知ったる所でゆったりしたいというリピーターが増加してくるのは当然である。

いくら余暇を楽しむために働くフランス人とはいえ、豪華ホテルに一週間泊まっていてはお金が持つはずがなく、安くて過ごせる農家民宿を利用することになる。それよりも何よりも、フランス人はことのほか田舎が好きであり、緑の田園へ行きたがるのだ。ガット・

ウルグアイ・ラウンドの折、国民全員が自国の農業を守るためアメリカに抵抗するフランス政府の方針を支持したのも、こうした理由による。

フランス田舎探検

私はかねてから、安い農産物の収入だけではやっていけない中山間地域のために、グリーン・ツーリズムを振興するというのは自然の成り行きだと感じていたし、その先進地フランスでじっくり体験してみようと下準備をして行った。しかし、英語の会議に明け暮れ、農家と話をするのに必要なフランス語を勉強する余裕もなく、なかなか長期休暇をとるチャンスがやってこなかった。

とうとう最後の夏休みを迎え、意を決して五種類の農家民宿ガイドブックを買い込み、現地校ですっかりフランス語がうまくなった一〇歳の娘を通訳代わりにして念願の農家民宿巡りに出発した。

大規模な民宿と小規模の民宿、夕食のあるのとないもの、高いところと安いところ……とわざといろいろな農家民宿を選び、合計二〇軒ほど泊まり歩いた。どこでも一緒に写真を撮り、必ず送ってやった。それと同時に五つ六つの質問項目を送り、農家民宿を始めた動機や経営状況をいろいろ聞き出した。娘や息子が愛嬌《あいきょう》をふりまいてくれたせいか、そして、私が日本に戻って農山漁村の活性化のために参考としたいと書き添えたせいか、ほとんどが回答を寄せてくれた。

バラエティに富む農家民宿

半分旅館のような農家民宿を除いてほぼ共通するのが、主婦が主導権を持って始め、かつ切りもりしていることだ。しかし、わざといろいろなタイプを選んだこともあり、その他それこそバラエティに富んでいた。

たとえば、収入源として重きをなしているのもあれば、さまざまなお客と楽しい会話ができればよい、というものまで千差万別であった。

また、母屋の一部を改造したものが大半を占めたが、別棟だけを活用したものもあり、専用に建てたものもあった。

価格も一泊朝食付きで一〇〇フラン（約二〇〇〇円）から四〇〇フラン（約八〇〇〇円）までさまざまで、ガイドブック『シャンブル・ドート』に麦の穂の数で表示された等級どおりであった。安いのはだいたいバス・トイレは共同で、中には屋根裏部屋ということもあり、高いのはシャワーが個々の部屋についていたりで、価格どおりの納得のいくものばかりであった。

夕食代もピンからキリまでいろいろだが、高くとも二五〇〇～三〇〇〇円どまりの安さであった。

見事な道路網とミシュラン道路地図

後で気づいたことだが、農家民宿専門に泊まった最後の一年には小さな町での宿探しの苦労から解放された。

幼子が三人もいるのでほとんど予約して出かけたが、いかにミシュランの地図が精緻にできていても、田舎の街の通りまでは示されていない。そのため、ホテル宿泊だと、ちょっと薄暗くなるとホテルを探すのに苦労することが多かった。とくに私は山が見えない所ではまったくの方向オンチでよけいひどくなった。

ところが、農家民宿になると農村の一本道に沿っており、かつ、全国共通のロゴマークつきで方向を示す矢印が要所要所にあるので、間違ったり、迷ったりすることはほとんどなかった。ちょっと困っても、車を停めて村人に尋ねると一緒に乗って教えてくれる人もおり、誰もが知っている家であった。したがって、主要道路からは少々離れても結局は時間の節約にもなった。

かくして、地図を見ながらナビゲーターを務める妻と私の車中でのケンカも激減した。

こうしたことができるのは、一つにはどんなひなびた田舎の道路でもほとんどがきちんと舗装されているからであり、二つにはミシュランの道路地図帳が正確だからだ。

日本でも可能なこと

さて、このフランスの見事な農家民宿システムが日本にも可能かどうかを探ると、ほとんど差がないところと、どうしても無理な部分にくっきりと分けられるような気がする。

わが国でも可能な点は以下のとおりである。

(1)自然志向、田舎志向の点ではフランス人も日本人もまったく遜色《そんしょく》がない。ユーロ・ディズニーにそっぽを向き、日本の精神文化に興味を持つフランス人が多い。代表はシラク大統領である。何か共通の歴史感、価値感があるような気がする。

(2)グルメでかつ味にうるさい点では双璧《そうへき》である。同じくB&B（朝食つき民宿）が有名なイギリスは、その名のとおり朝食と泊りだけだが、フランス人は田舎の隠れた味を探しにいく。日本人はそれ以上に味へのこだわりがある。そして、地域の味はひょっとするとフランス以上に個性豊かである。

(3)田舎の道路の整備も進み、ほとんどどこでも車で行けるようになった。

(4)旅行もかつては企業の社内旅行の類が多かったが、いま、やっと家族旅行がふえてきた。農家民宿の利用者は、圧倒的に家族連れが多く、次に安上がり旅行をめざす若者、そして老夫婦のゆったり旅行客であった。変なとり合わせだが、これで大きな食卓の話題には事欠かず、いつも笑い声が聞こえていた。

(5)イギリスの仕組みはやはり無愛想である。イギリスでのB&Bによる農家民宿といっても、もともと一〇〇ヘクタール近くの大農家であり、その離れを改造したものがほとんどである。その結果、別棟でひっそりとまずい朝食をとるだけとなることが多い。それに対し、ほとんどのフランス農家民宿は農家の家族も客も皆、同じテーブルに着く。日本の農家は、明らかにフランス人的であり、もてなす側は心得ている。もともと親戚《しんせき》を呼んだり呼ばれたりで慣れており、この延長線上でやれることである。ただ、後述するように、あまりの賓客《ひんかく》扱いは困ったことになる。

(6)フランスの農村は美しいの一語につきる。何の変哲もないが、畑があり、森があり、小川があり、と心がなごむ景色に満ちあふれている。日本の農村もあまり好ましくない方向に変わりつつあるが、それでもほっとさせる風景があちこちにある。毎日見ている人には気づかない良さが残っており、十分に長期滞在には耐えうるはずである。そして、農業には向かない山間地域ほど農家民宿の条件には合ってくる。フランスの小村に必ずある教会に匹敵する神社、仏閣と歴史的史跡でもひけをとらない。

フランスのガイドブック『シャンブル・ドート』の内容(見本)

Colombieres-sur-Orb Le Martinet ①　　*C.M. n° 83 — Pli n° 4*

② ③2 chambres d'hôtes situées dans la maison du propriétaire. Grande maison de maître avec jardin. 2 chambres pour 2 pers. avec lavabo. Salle d'eau et wc communs. Chauffage. Ouvert toute l'année.

(TH)

Prix : 1 pers. 90 F 2 pers. 130 F 3 pers. 160 F repas 60 F ④

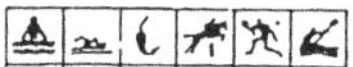 ⑤

SP	7	SP	1,5	4	5

RAYNAL Simone – Le Martinet - Colombieres Sur Orb – 34390 Olargues – Tél. : 67.95.84.69 ⑥

Combloux Les Fovrents　　*C.M. n° 89 — Pli n° 4*

4 chambres d'hôtes dans une ferme-auberge d'alpage (19 lits 1 pers.), salle d'eau commune. Salle à manger de l'auberge d'alpage. Terrain, terrasse. Accès à pied en 15 mn de marche. Gare 8 km. Commerces 2 km. Ouvert du 1er juin au 15 septembre. Réduction enfant moins de 8 ans. 1/2 pens. : 150 F/pers. Pension : 190 F/pers.

Prix : 2 pers. 190 F

5	5	5	5	5	4	5	SP	5

CRIVELLI Claudy – Le Bouchet – 74920 Combloux – Tél. : 50.58.63.89

Combrand Le Logis de la Girardiere　　*C.M. n° 67 — Pli n° 16*

NN　4 chambres aménagées à l'étage d'un logis du début du XIXe siècle, avec un parc. 1 chambre (1 lit 2 pers.), salle de bains et wc privés. 1 chambre (2 lits 1 pers.), salle de bains et wc privés. 2 chambres pour une même famille (1 lit 2 pers. 2 lits superposés), salle de bains et wc privés. Salon réservé aux hôtes. TV. Téléphone (carte pastel). Une étape agréable entre Cholet et Niort. Spectacle du Puy-du-Fou à 30 km. Restaurants 4 km. Gare et commerces 4 km. Ouvert toute l'année. Etang privé pour pêche à 300 m. Anglais parlé.

Prix : 1 pers. 170/200 F 2 pers. 200/230 F

⑦  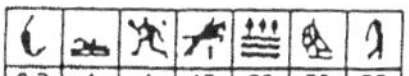

0,3	4	4	17	20	20	35

MOREL Christine – Le Logis de la Girardiere - Combrand – 79140 Cerizay – Tél. : 49.81.04.58

注①地名(アルファベット順)
②等級は麦の穂の数で示し，４本が最高
③部屋数，家や庭の状況，休みの期間，交通手段，英語能力，その他の特徴
④価格
⑤絵で示す近くのレジャー施設(数字は農家民宿からのキロ数)
⑥氏名・住所・電話番号
⑦犬はお断り

わが国との相違点

これに対し、まだ条件が整っていないか、文化の違いで整えそうもないものを挙げると以下のとおりである。

①情報化社会とよくいわれるが、フランスがある面では最も進んでいるといえるかもしれない。ミニテルと呼ばれる電話によるシステムは見事であり、レジャーに関する情報もミシュランによるホテル・レストランガイド（通称赤ミシュラン）、きわめて質の高い緑ミシュランによる観光案内は日本の比ではない。日本では、一般人の投書によるでたらめこの上ない『地球の歩き方』を見て旅する日本人の危険さが指摘され、批判書まで出ていることを知らない人が多い。

フランスのガイドブックは網羅的なものから、個別用（たとえば、長期滞在用の台所つきばかりを集めたもの）のものまで数多いが、客観的で確かである。有名な星つきレストランやホテルの格付けも信頼に足るものである。農家民宿も図に示すとおり『シャンブル・ドート』はありとあらゆる情報が載り、地図ですぐ行けるようになっている。

わが国においても、一刻も早く組織的対応により、一目でわかるガイドブックが必要である。断片的にバラバラに情報提供していたのでは利用はきわめて限定されてしまう。しかし、こんなことは民間団体でも国でもやろうと思えばすぐできることである。

②わが国の長期休暇も、正月、ゴールデンウィーク、お盆と年三回はとれるようになっているが、いかんせん集中する。西欧の場合、完全に一致するのはクリスマス休暇ぐらいで、あとはそこそこ分散化する。フランスではスキー場が混まないように冬休みを、国を三つに分け、わざと一週間ずつ三回に分けてとる工夫をしている。前述のように、長期休暇が定着したら家族旅行がもっと盛んになり、いつもディズニーランドとはいかず、農山漁村にどっと繰り出してくるにちがいない。

③わが国の民宿で定着したのは、冬のスキー客用と夏休みの学生用のみ。理由は、真冬と真夏は農閑期で農家もフルにサービスに徹することができるからである。そして問題は、わが国では、旅に出たときぐらい上げ膳《ぜん》据え膳にしてほしいという人が多く、いくら朝食でもパンとコーヒーという簡単なものではすまされないことだ。フランスの農家民宿でも夕食があるのは四割ぐらいで、しかも完全予約制。中にはきちんと一二月〜三月の農閑期のみに限定しているのもある。

④前記③との関連で問題になるのが、地方の外食産業の未発達なこと。フランスで夕食抜きが成立するのは、赤ミシュランがあれば、車で一〇〜二〇分で気のきいたレストランにすぐ行けるからだ。①と同様、家族がゆっくり楽しめる外食の情報など皆無に近い。泊

める部屋はいくらあっても食べる場所がなくては人は来ない。

⑤最大の違いは、部屋の造りで、これが個室に慣れた人には致命的である。個室ばかりの離れを新築しないかぎり、完全なプライバシーは保てない。欧米の部屋はもともと個室用にできている。したがって、農家民宿を始めるに当たって、二〇〇万〜三〇〇万円をかけてシャワーとフロをつけ、部屋を飾ればすむが、わが国はそうはいかない。

一〇年後には退職夫婦が農家民宿巡り

都市と田舎の対立がこれほど取り上げられる国はない。その原因の一つに、田舎の人はテレビで都会を知ることはあっても、都会の人があまりにも田舎を知らなすぎることにある。田舎を都市住民の遊び場に造り変える必要はないが、あるがままの姿を楽しんでもらい、相互理解に役立てられるのなら結構な話である。

わが国の農山漁村は外国人から見ると風光明媚《めいび》な所が多く、ほっておく手はない。せっかくの財産を皆で共有すべきである。

いま、個人名を書いた農産物も売られている。ブルゴーニュのワインを飲むパリジャンの何人かは、かつて訪れたワイナリー（ブドウ酒の醸造所）や農家民宿を思い出しながら味わっているのだ。日本でもなじみになった農家や漁家あるいはその地域の産物を好物とするようになることは間違いない。都市と農村の交流はこうしたことから始まるのだ。

以上、農山村を中心に論じたが、私は日本的なルーラル（田舎の、田園の）・ツーリズムとして最もてっとり早いのは、漁家民宿、ブルー・ツーリズム（滞在型漁村休暇）ではないかと考えている。現に、釣り客相手でいち早く定着している地域も多く、獲りたての新鮮な魚がなによりの魅力である。第1章の「内在する豊かな資源の活用」で述べたとおりいちばんうまい魚は、来た人にしか食べさせなかったらよい。フランスの三つ星レストランも「地産地消」を地でいき、大半は産地の農山漁村の近くにある。

一〇年後には定年を迎えるベビーブーム世代が、夫婦で農山漁家民宿巡りをしているような予感がする。そのための受け入れ準備には相当資金を投入してもよいはずである。

ヨーロッパの農村風景

忘れられない原風景

誰にも忘れられない風景がある。目をつむると浮かんできて心がなごむような景色である。目にも心にも焼きついて離れず、そこにいるとなぜかしらほっとした気分になるような景色を原風景というのだろう。人は原風景にこよなく愛着を覚え、故郷を感じるのだ。

山田洋次《ようじ》監督は日本の原風景、そして故郷にこだわった一人であろう。車寅次郎《くるまとらじろう》が骨を休めに帰る葛飾柴又《かつしかしばまた》（東京）を描き、寅さんの行き先はいつものどかな田舎、地方都市であった。

また、頻繁に登場したのが北海道である。

私はなぜか疑問に思いつつ忘れかけていたが、『幸福《しあわせ》の黄色いハンカチ』『駅』等にも北海道ばかりが舞台に使われるに及び、こだわりすぎに何かあることに気づいた。山田監督は、満州で生まれ、小学校の高学年まで大連《だいれん》で育っており、故郷を喪失していたのだ。だからこそ、いつぶらりと帰ってもあたたかく迎えてくれる故郷を必要以上にうらやましく思ったのだろう。寅さんシリーズの主人公は渥美清《あつみきよし》演ずる寅さんなどではなく、おいちゃんやおばちゃん、そして帝釈天《たいしゃくてん》の近くの住人だったような気がする。

山田監督は景色としての故郷、すなわち原風景は、だだっ広い荒野、満州の大平原にあり、それを日本では北海道、なかんずく道東《どうとう》（北海道東部地方）に見いだしていたのだろう。まさに、自分の趣味を全面に出して映画づくりをしていたのである。失ったからこそ、その大切さがわかり、追い求め続けているにちがいない。

人々を魅了するヨーロッパの農村の特徴

ヨーロッパの農村空間は、私のようなまったく初めて見る者にも何かよくわからない安堵《あんど》感《かん》を与えてくれる。初めて見たにもかかわらず、いつかどこかで見たような気にさせるのである。フランス語が世界共通語になっているデジャヴイ（既視感）である。

ウルグアイ・ラウンドの際、ヨーロッパ諸国は、農村の環境を守るためにも、風景を守るためにも農業保護が必要だ、と主張した。わが国は、農業保護の理由をもっぱら食料安全保障に求めた。私は、EU（欧州連合）は食料が自給でき輸出しているから、やむをえず農村の環境とか風景とかを持ち出しているにすぎないのではないか、と勘違いしていた。

私は、一九九一年七月からパリのOECD代表部に三年間勤務し、ヨーロッパの農村に接し、EUの主張が本心から出ていることが徐々に理解できるようになった。当初は、パリ近郊に出張者をご案内して訪れ、最後の一年間は家族とともに意識的に農家民宿巡りをしながら、じっくりと農村の雰囲気を味あわせていただいた。もともと絵とか音楽とか高尚なものに縁がなかったし、私の頭の中には三年間の思い出としては、美しい農村の風景がぎっしり詰まっているだけである。

まず、日本の農村と比較しながら、どうしてそんなに人々を魅了してやまないか紹介してみることにする。

〔畑〕——黄金色がまぶしい広大な麦畑

まず、面積の大半を占めるのが畑である。当然のことながら、概して日本の本州よりは広がりがあり、道東と思えば間違いない。平らな所は大体、美しい畑の稜線を持つ美瑛町《びえいちょう》を頭に描いていただくとよい。もちろん、南仏やスイスの山あいの村は、日本の中山間地域とほとんど変わらない。

十数人乗りの小さな飛行機で地方空港に降り立つときにいちばんよくわかることだが、ヨーロッパの春と夏は、黄色がまぶしい。菜の花にヒマワリが続いているからだ。当然、小麦畑や牧草地も多いが、色として目立つのは鮮やかな黄色である。また、小麦の収穫期の黄金《こがね》色の穂の安心感は、日本の稲と変わるところがない。フランスの東北部（パリの東側）のなだらかな斜面に波打つ黄金色の穂は、大農業国フランスの力を感じさせて圧巻であった。水田と違い畔《あぜ》も不要であり、区画整理もなされていない。自然の地形をそのままに残しているのが、よけいに穏やかさを感じさせるのかもしれない。

パリ盆地の広大な麦畑は、スケールの大きさではアメリカ中西部にひけをとらないが、森が点在し、農村集落が所々にあるので、ずっと親しみやすい。

春夏と続く黄色を見ると、ウルグアイ・ラウンドの初期にEUがなぜ油糧種子にこだわり、リバランシング（かつて油糧種子の関税をゼロにしたものを、穀物の輸出補助金を減らす代わりに、ガットの要求する代償措置〔他の品目の関税の引き下げ〕を講ぜずに、関税引き上げを認める）という主張を繰り広げたかよくわかる。つまり、畑を荒したくなかったのだ。

ＥＵは、輸出補助金が最も貿易を歪曲《わいきょく》しているという主張には抗すべくもなかったが、それならば、輸入している油糧種子をＥＵ内で作ることに文句あるまいと考えたのだ。一九九二年のＣＡＰ（共通農業政策）改革でセット・アサイド（減反）を初めて導入したが、ＥＵは元来、畑を空かすことを潔《いさぎよ》しとしていなかった。したがって、どんな山奥の農山村に入っても荒れた畑にはほとんどお目にかからなかった。やはり、畑には作物が必要である。

私のように善光寺平《ぜんこうじだいら》の端っこ（中野市《なかのし》）で山ばかり見て育った者でなくても、やはり起伏に富んだ景色のほうがなじみやすい。

パリジャンが南仏に群がるのは、なにも地中海のコバルト・ブルーに魅かれるばかりではない。フランス・アルプスの続きで、山あり谷ありの美しい農山村が存在するからである。最近流行している風水占いでも、後ろに山をいただき前に小川が流れているのが最もよいとされており、この点は万国共通のようだ。

なだらかな斜面に植えられる代表的作物はブドウである。ブルゴーニュやアルザスのワイン街道をのんびり旅したが、行く先々の村々がちょっとずつ異なった雰囲気を持ち、訪れる人を飽きさせなかった。どこにもワイナリーがあり、試飲ができるし、ブドウ畑も散策できる。そして、銘柄ワインの名に村の名に混じって畑の名前までつく(Appellation D'畑の名　Contrôllée)。

一度、ブルゴーニュの太陽に照らされた見事なブドウ畑を見た人は、自宅の一室でワインを嗜《たしな》む時も、かつて訪れた風景を思い出しながら飲むことになる。そして、ますます、その好みのワインにのめり込み、来年の休暇にも再び行こうと思うようになる。

〔道〕——昔ながらの景観を残す

農村の景色に意外に重要な彩《いろど》りを添えるのが道路であり、小径であり、その周辺の景色である。何よりも、真っ先に目にするものの一つだからだ。

まず日本との大きな違いは、見苦しい立て看板がないことである。誘惑は多いであろうに、一切ない所がほとんどである。これは、見識であり、日本との美意識の違いであろう。興ざめする自動販売機もどこにも置いてない。

一九七〇年代後半にアメリカに留学したときには、一日に車が何台も通るわけでもない道まで舗装されているのに驚いたが、世界一の大金持ちの国であり、車なしではすまされない国だからと妙に納得した。しかし、フランスのみならずスペインやポルトガルの片田舎まで舗装されつくしているとは思わなかった。

私は、日本の田舎の景色をぶちこわす不必要に立派な舗装道路には、嫌悪感を抱いていた。ところが、ヨーロッパでは日本で感じたいやらしさがないことに気づいた。日本と異なり、昔からある道路のままに舗装されただけで、風景の中にピタリと溶け込んでいるからだ。

豪華すぎる側溝もなく、山肌も削りとられていない。日本だったら、工事のときに真っすぐにされたであろうものを、曲りくねったままのものが多い。その分、道路標識がこまめで、制限速度が小刻みに変わり、この先○メートルにカーブありの表示がそのスピードに合わせて示され、道路上にも大きなカーブありの忠告が続く。日本なら見通しが悪いからと切り倒されるはずの並木が残されているのがよくわかる。並木の部分だけ一方通行になっているのだ。つまり、少々速く走ることのために景観を壊すことなどありうべくもなく、常に自然を、そして昔ながらの景色を残そうという配慮が行き届いている。

だから、並木も石造りの家も昔と同じで、三〇〇年前に描かれた絵と同じ景色が現存することになる。そして、それを売り物にしている観光地さえある。

交通のルールも各国さまざまである。スピードを出しすぎる気のあるフランスは、集落に近づくと速度を落とせという標識と同時にバンプ（小山）ありの警告もあり、制限速度以上のスピードで行くと車が大きく飛び跳ねる仕掛けになっている。また、岩盤をくりぬいた道路の多いノルウェーでは、トンネルばかりが多く、常にライトをつけっ放しておくことが要求される。

フランスのようなケースは、日本ではまったく見られない。人間や景色より車のほうを優先しているからだろう。すぐに集落を離れた所にバイパスを造るという安直なやり方をしているからでもある。

ヨーロッパでは、歴史的史跡だけでなく、どこにでもある農村景観の維持にもごく自然に配慮が行われている。

〔森〕――親しみやすい森

ヨーロッパの農村を形づくっている重要な要素として、親しみやすい森がある。森こそヨーロッパの農村景観の特徴を最も如実に表したものかもしれない。

ともかく、どこにでもある。平らで、日本ならとっくに畑にされてしまっているはずの所にも森があり、ゆったりと構えている。

それもそのはずである。ヨーロッパの平坦地《へいたんち》の森は中世にいったんは開墾により姿を消した後、相当の年月をかけて復活したものなのだ。それだけに愛着と思い入れにはひとかたならぬものがあるらしい。

世界中から観光客の集まる大都市パリにもブーローニュとヴァンセンヌの二つの広い森があり、週末には黙々と散歩している人が多い。

とくにフランスの高速道路脇のパーキング・エリアに見られることだが、必ず森の中に設けている。どうしてもない所には木を植えて森を造成している。休憩は森の中でないと気がすまないらしい。木の下には、木製の机と椅子《いす》があり、そこで昼食のバケット（大きなフランスパン）を家族や仲間と食べられるようになっている。わが家では、一週間の長期旅行のときは、電気炊飯器をトランクに乗せ、米、梅干し、味噌《みそ》漬け、サラダ用の魚の缶詰を積み込み、朝必ずご飯を炊き、おむすびをにぎって昼食時に森の中の木の下でほおばった。昼から二時間もかかるレストランに行かずにすみ、時間の節約にもなり、旅の自由時間も多くなった。

日本は降雨量も多く、亜熱帯並みの気候であるが、ヨーロッパは北緯五〇度前後の所、すなわち日本でいえば、北海道よりも北に位置し、降雨量も少ない。したがって、いわゆる疎林で、大きな木の下は下草も生えず、自由に歩ける。これが親近感を持つゆえんである。

フランス人は秋になるとキノコ狩りに出かけ、毒キノコか否かの判定は薬局にしてもらうシステムになっている。薬剤師は、キノコの専門家でなければならないのだ。これなど、森がいかに身近にあるかを示すものの一つであろう。

フランスは、自然保護や動物愛護運動においても世界をリードしているだけあって、やっていることも立派である。高速道路に面したそこそこの大きさの森には金網が張ってあり、動物が飛び出さないようになっている。これがイギリスだとまったくそうしたものがないために、ウサギやキツネといった多くの小動物の死骸《しがい》をあちこちで見かけた。

さらに驚いたことに、森ごとに動物の数も調整され、絶えないよう、また、ふえすぎて農作物を荒らしたりすることのないように配慮がなされているのだ。これは、余談になるが、私がパリから帰国して水産庁企画課長として手がけた漁業資源管理のための「TAC法」（「海洋生物資源の保存及び管理に関する法律」）と同じ原理が適用されていた。すなわち、狩猟の権利が有料で割り当てられており、一人イノシシ五頭、シカ二頭といった具合に決められ、それ以上でもそれ以下でもいけない厳格なものとなっている。仕留めた動物の数を証拠とともに報告する義務も課せられている。ふえ過ぎによる農作物被害をも念頭においているのだ。獲り過ぎを抑えるだけのTAC法の上をいく管理であり、鳥獣被害に振り回される日本と大違いである。

つまり、フランス人は節度を守りつつ自然を楽しむ方法を知っており、まさに人間と自然との共生をいたるところで実践していた。

もちろん、有名なお城や宮殿には森はつきものである。日本の鎮守の森と同じことなのかもしれない。

〔川〕――川辺で遊べる自然の川を残す

日本にも美しい水田があり、懐かしい里山がある。昔ながらの道もある。

しかし、いまや最もきわだった差が見られるのは水辺の景色であろう。日本では少なくとも普通に人目にふれる所は、膨大な公共事業により水辺の景色はずたずたに切り裂かれてしまっている。

ところが、ヨーロッパの農村景観の中には、美しい水辺が昔と同様にきれいに維持されている。見苦しい三面張りのコンクリートで覆われているところなどほとんど見当たらない。

南仏の山あいの川では、海岸以上に川べりで日光浴を楽しみ、川で泳ぐ人たちでにぎわっている。私は、子どもにせがまれて同じ所へ二度足を運んだ。日本ではほとんど消えてなくなった光景である。パリ周辺などは、あまりに平らすぎるので水の流れが悪く、水質も悪いのが多い。それでも苦労して、懸命に水と土の接点を守り、水際に木々を植えている。小川のせせらぎは幾多の風景画の中だけでなく、農村景観には不可欠の存在である。

よく、ヨーロッパ文明は自然を征服せんとするのに対し、日本を含む東洋の文明は自然と調和せんとするといわれる。かつてはそのとおりだったと思われるが、こと川に関しては日本人は取り返しのつかない愚行をしでかしたような気がしてならない。

このような主張を二、三書いていたら、北海道恵庭《えにわ》市のA土木課長から一度来てほしいと熱心なお誘いを受けた。一九九六年秋にお邪魔すると、漁川《いざり》、茂漁川《もいざり》の整備がそれこそ、私の理想とするような形で行われていた。

数年前までゴミが捨てられていた川に、粗末な間伐材を使って造った遊歩道が設けられているほかは、思い思いに草花が植わっているだけのものであった。私が、「Best example in Japan」（日本一の好例）と言うと、いや「Only one example in Japan」（日本でたった一つ）という返事が返ってきた。

北海道は、ヨーロッパ同様に台風や梅雨による大雨がなく、洪水の心配も少ないからできたとはいえ、私は日本でもやればできると心強く感じた。

それから数か月後、河川審議会は三面コンクリートの河川改修はやめると宣言し、その説明用パンフレットに漁川の例を使っていた。

〔家並み〕――統一され調和のとれた家並み

ヨーロッパの農村をよりいっそう落ち着いたものにしているのが、統一のとれた家並みである。日本でもやっと住民協定とやらで、けばけばしい色の屋根を自粛する動きが出てきたが、遅きに失した感がある。木曽の妻籠《つまご》の古い町並みの保存がニュースになったのはいつ頃のことだろうか正確には覚えていないが、ヨーロッパではそんなことは当たり前のことなのだ。

壁の色はどこどこの土を使うこと、屋根は何々の瓦《かわら》、といったようにきっちり決められ、改修するときも連綿と続けられてきているのだ。そして、それがその地の借景にピタリとはまっている。

世界を股《また》にかけてホテルチェーンを展開している「Novotel」という会社も、内装は規格品で統一しても、外装はその土地土地のルールに従っていた。たとえば、効率よく数階建てにしたいのに、村のルールが二階建てとなると、当然それに合わせてあった。世界有数の歴史的都市である京都にさえも京都ホテル論争といった、世界の常識では信じられないことが起こる国とは違うのだ。

徹底ぶりは、窓辺にも表れる。最初のうちは気づかなかったが、通り通りで統一した色の花を飾っているのだ。ひどいときには、町中が同じ花で、かつ色も同じ、というのもあった。ここまでくると、私には少々嫌味に感じられるが、ことほど左様に調和を重んじているということだ。

制服とか子どものマスゲーム、団体旅行と、日本人の性癖としてあまりに皆が同じことをしすぎることが挙げられる。そして、そのことが日本異質論の例として使われたりするというのに、家並みを調和のとれたものにするといった基本的なことができなくなってしまったのは、一体いつの頃からなのだろうか。それに対し、より個性豊かなヨーロッパの国々が、村々の家並みの調和に腐心しているのは不思議なことである。一つには石造りが大半でそう簡単に壊せないということもあろうが、やはり美しい景観への配慮の違いであろう。

農民は田園の守り手

農民が「Guardian of the Countryside」（田園の守り手）と呼ばれるのは、美しいヨーロッパの農村景観を守っているのが農業・農民だからである。この呼称には、感謝の念と畏敬《いけい》の念がこめられている。

都市住民と農村住民はなにも食料の供給者と消費者だけでつながっているのではなく、緑の田園の供給者と利用者という点でも深い糸で結ばれているのだ。

フランス人は、年間五週間の休みが与えられ、ドイツ人は六週間与えられる。そして、フランス人にいたっては、四分の一の旅行に農家民宿を利用するという。

考えてみれば当然で、毎年五週間の休みを日本人観光旅行客並みのハードスケジュールで飛び回ったら、数年で大方の観光地は見つくしてしまう。それよりも何よりも、そんなにお金はかけられない。となると、滞在型のレジャーとなり、勝手知ったるのどかな農山村に足繁く通うこと（リピーター）になること請け合いである。

農民を支持する国民

一九九一年一〇月、ウルグアイ・ラウンドに関連してパリで二〇万人を超える農民デモがあったが、パリ市民はあたたかい拍手で迎えていた。そして、新聞論調も農民の主張を支持するものばかりであった。驚いたことに、財界までも最後までフランス農業を守る立場を支持し続けた。いわれなき農業批判ばかりが目立つわが国と比べるとうらやましいかぎりで、嘆息が出てくる。

彼我の差は一体どこからくるのだろうか、とよくよく考えてみたが、途中までよくわからなかった。

しかし、自ら車を運転し、フランス人並みに農家民宿行脚《あんぎゃ》をしてみるに及び、ようやくその一部を理解できたような気がした。識者は、よくのたまわる。

「ヨーロッパは幾度も戦乱に巻き込まれ、食料不足に何度も悩まされたゆえに食料の大切さを身にしみてわかっているから自国の農業を守ろうとする」

と。私は、たしかにそれもあるとは思うが、それは日本人とて同じである。しかし、大半のフランス人にとっては、食料そのものよりも、いつも心をなごませてくれる農村が疲弊したりすることのほうがもっと心配のようである。なぜならば、食料は輸入できるが、美しい農村風景は輸入できないからだ。つまり、農村は、都市住民にとっても、いわばちょっと離れた中庭のような存在となっているのだ。そして、自分の中庭を守ろうと団結するのは理の当然である。

こうした農村景観への思い入れが、「Direct Income Support」（直接所得支持）といった理屈を生み出してくる背景として存在していることを忘れてはならない。

新大陸との価値観の違い

以上の理屈はなんとなく理解できても、一体誰が誰に対して、どういう基準でどれだけ支払うかとなると、誰しも頭を抱えてしまう。その前に、価値観の違いから、国民的コンセンサスは簡単には得られない。私とて、なぜ農村保護の理由に「農村景観」などという考えが出てくるのか疑問に思い、それを追い求めて後にやっとヨーロッパの人々と農村の結びつきが多少理解できるようになっただけで、まだ得心しているわけではない。

一九九二年春、ＯＥＣＤ農業大臣会合のワーキングランチでは農業と環境の問題について白熱した議論が展開された。当然、米《べい》、加、豪は農村景観を維持するために農業を保護することなどできない、と突っぱねた。その時、

「そういえば、アメリカには農村景観なんてなかった」

という強烈な皮肉がヨーロッパ側から出て、一同がクスクス笑う場面があった。これに対し、マディガン農務長官は顔を真っ赤にして、アメリカにもあるが、保護は必要とせずに守れる、と大見栄を切った。

しかし、私の二十数年前の中西部の経験では、アメリカにはとてもヨーロッパや日本の農村景観のようなものはいまだに存在しているとは言いがたい。ほとんどの地は、入植してまだ二〇〇年も経過していないのだ。親から子へと引き継がれてきた家、畑といった意識はアメリカのような新大陸にはない。はなから農業保護を続けるための口実に農村景観の維持といった屁《へ》理《り》屈《くつ》を持ち出していると決めてかかっている。

農業大臣たちの歴史観、価値観の違いから生ずる議論を聞いていて、この溝はなかなか埋まりそうにないことがよくわかる。

ＯＥＣＤは、先進国ばかりの集まった国際機関であり、一〇年先のことを考えてそもそも論が議論されている。いまや世界の常識となった「Polluter Pays Principle」（汚染者負担原則）もＯＥＣＤ環境委員会の造語である。

私も、つたない英語で農業委員会や農村地域開発委員会の場で、この点について、「いまや資源保護に最大の関心を払うべきであり、田園の守り手に対して恩恵を受けている者が支払うルールを確立して、世界に一石を投ずるべきではないか」と論じた。前者は「Supplier

Receipts Principle」（供給者受取原則）、後者は「Beneficiary Pays Principle」（受益者負担原則）と命名して頑張ったが、どうも輸出国代表の賛同は得られなかった。

直接所得支持の理論付け

こう考えてくると、WTO農業交渉に向けて日本、EU等が全面に押し出して主張している多面的機能（Multi-Functionality）も前途多難である。新大陸と歴史のある国とでは文化的背景があまりに違いすぎるからだ。

世界の学者たちの本件についての理論を聞いていると、なるほどと納得させられるものがある一方、とてもついていけないものもある。

スイスの山岳酪農に対する保護の理由として、スイスの観光客は、カウベルを首にかけた牛がのんびり草をはんでいる景色があるからこそ訪れるのだ、という点まではわれわれ日本人の理解できる範疇《はんちゅう》に属する。もしも、切り立った岩山に続くのが森だけだったら、こんなにたくさんの観光客が訪れないことだけは確かである。大方の人はロック・クライミングなどしない。その代わり、きれいに刈り取られた牧草地帯をトレッキング（気軽な山歩き）する。だから、スイスの観光収入の相当部分を効率の悪い山岳酪農に回してもよいことになる。明らかな因果関係があるからである。

次に、一般的農村景観の恩恵についてみると、しょっちゅう農村に出かける人はいいとして、行かない人はどうなるかという疑問が湧いてくる。フランスのようにパリですら一歩郊外に出るとすぐに緑の田園が続く所と異なり、日本のように農村にまで足を踏み入れたことなどない人が多い国では、説明のしようがない。一般の人に理解できるのは、せいぜい水道の水を涵養《かんよう》してもらっているというところまでであろう。

ところが、学者先生は、とんでもない理屈をこねつける。仮に直接行ったことがなくても、のどかな農村景観が存在するということを考えただけでも心がなごむから、やはり恩恵に浴しているというのだ。歴史的史跡を維持する理由と同じで、そこに存在すること自体に誇りが持て、いつの日か行ってみたいと思っているだけでも恩恵に浴しているのだという。ここまでくると、一般の人にはついていけない理屈である。仮にやっとこ理解できたとしても、観光収入や水道利用と異なり、貨幣価値に置き換えにくいので、どう援助したらよいのかわからなくなる。学者がさまざまな計算方法（CVM、トラベルコストヘドニック）を提案しているが、一般には理解しにくい。

直接所得支持の議論は盛んであるが、導入しはじめたEUでさえなかなかコンセンサスが得られていない。これがわが国の将来の農政の一形態になりうるかどうか、じっくり考えてみる必要がある。

第5章

農的循環社会への道

どうなる二一世紀の人口・環境・食料

「環的中日本主義」の勧め

私は役人生活の途中から、農業側から発言すべきことは発言していこうと決意した。発言する人があまりにも少ないからだ。農政批判はいまは下火になったが、土光《どこう》臨調（第二次臨時行政調査会）の頃は、農政・農業関係者からは大きな声できちんと反論する人がいなかった。

私はいまの農業政策なり国の政策が絶対に正しいと言っているのではない。ただ自然や農業を今日ほどないがしろにし、「環（境）的あるいは農（業）的中日本主義」とは反対に、「工（業）的大日本主義」に突っ走って他をまったく顧みない国はないのではないかと心配しただけの話である。そしてふとしたきっかけでものを書きはじめ、いろいろ頼まれるようになってしまったので、微力ながら役人の則《のり》を超えない範囲で発言していこうと決意した。

「環的中日本主義」とは「農的小日本主義」の延長線上での考え方を指しており、自立的、リサイクル的に生活をし、資源をあまり消費しないという意味である。「小日本主義」とは、一〇年前にのぼせあがって経済大国・技術大国・金融大国・生活大国と浮かれていたような大国主義をとるのではなく、かといって、日本はもうダメだと悲観して落ち込むのでもなく、いわばそれらの中間をとると言っているにすぎない。この二〜三年はやりだした循環型社会と相違ない。

『農的小日本主義の勧め』という本を書いたときに、いろいろ批判を寄せていただいた。「農的」は農業だけで生きていくと誤解されやすく、また「小」ではあまりにしみったれすぎていると言われ、また、農本主義という言葉があり、「小的農本主義」と間違ってとられたりした。そこで、これからは、よりわかりやすい「環的中日本主義」として説明することと決めた。

不景気はそれほど問題なし

景気が悪く、経済成長率が鈍り、失業率が増大し、倒産がふえ、地価は下がりどおし、株価も低迷、消費も停滞等々暗い話ばかりであり、政府も財政赤字を承知で景気刺激のための大型予算を組んだ。

たしかにひと頃と比べたら景気が悪いことは確かであろうが、要は比較の問題である。つまり、日本の戦後の右肩上がりの成長と比べるからであり、世界一般あるいは歴史上の異なった時期と比べてもいまの日本の状態は、それほど悲惨とはいえないかもしれないのだ。われわれ日本人の頭の中にいつしか、急激な経済成長は続くものという固定観念ができてしまい、ちょっと足踏みしているだけで大騒ぎし、世も末だと言わんばかりの悲観論がまかり通っているようだ。

つい一〇年前は、経済大国、金融大国、技術大国、そして生活大国とやら、何でも大国が飛び出し、日本は相当自信過剰気味だった。それもバブル経済が吹っ飛んで金融業界がガタガタになり、金融大国などという絵空事はいまは昔の感がある。そして、いまは産業界全体がすっかり自信を失い、経済大国も陰をひそめてしまった。一〇年あまりの間に極端から極端へ大きく揺れ動いた。

科学技術も科学技術基本法を策定し、鉦《かね》や太鼓で振興をはかったものの、やはり自前で新技術の開発は無理なようで、バイオテクノロジーの分野などで欧米に大幅な後れをとってしまった。そして生活大国にいたっては論外で、余裕のない生活は、いまもってお寒いかぎりである。

しかし、ものは考えようである。ここしばらくが狂っていた——つまり異常に景気がよかったと考えれば、現状は何も嘆くにたらない。よく言われるように成熟期に入ったとみるべきであり、この低成長の中でどうやっていくのかを考えるべきであろう。

一九九二年リオデジャネイロの地球環境サミットでは、Sustainable Development（持続的開発）なる用語がスローガンとなり、それ以降の環境がらみの国際会議の基本概念となっている。

持続的と開発は相矛盾する概念であり、本来結びつけるのは難しいが、苦労して一語にしている。言わんとすることは、ゼロ成長なり超低成長で生きていかざるをえないということである。

日本ではあまり、深刻に考えられていないが、気候変動枠組条約第三回締約国会議（一九九七年一二月、いわゆるＣＯＰⅢ）では、CO_2の排出を二〇〇五年に一九九〇年から一〇％減らすＥＵ（欧州連合）、ゼロ削減のアメリカ、五％削減の日本が争い、日本六％、アメリカ七％、ＥＵ八％となり、先進国全体で二％削減が決められている。これを遵守することとなると、しかるべきクリーン代替エネルギーがないかぎり、工業生産を抑える必要が生じかねない。

したがって、われわれはもうすでに地球との共生のために、経済成長のみならず、かなりのものをあきらめなければならないかもしれないのだ。

それを考えたら、マイナス成長の中で生き抜いていく覚悟が必要であろう。いまぐらいの景気の停滞でガタついてはいられない。

少子化は日本国民の合理的選択

少子化問題も高齢化社会とのリンクでかまびすしく論じられている。

一九九九年一月、総務庁人事局主催の二日にわたる新任局長研修会に参加させられた折、分科会で少子化問題グループで議論に加わった（ちなみに私は局長ではなくナンバー2の審議官クラスであり、旧知の通産省の局長からは無資格参加者と冷やかされた）。当然のごとく少子化は日本の将来にとって由々しき問題であるという大前提の下に喧々囂々《けんけんごうごう》の議論が行われた。やれ労働力不足で外国人労働力を大量に入れないといまの経済は維持できない、二〇年後には一人の従属人口（高齢者等）を二人の生産人口で支えなければならない（現在は四生産人口に対し一従属人口）等々よく言われていることである。

しかし、私にはこれとて、とるに足らない問題のように思えてならない。

たとえば、少子高齢化問題は、農（山漁）村では、とっくの昔に起きていた話である。いま、過疎村では、子どもの泣き声さえ聞こえなくなっている。そして、この平和で繁栄を続ける時代に、何百年も続いてきた村が消え去らんとしているのだ。農業・農村側は、つとにこの問題の深刻さを指摘し、何かと手を打ってほしいと訴えてきたが、競争原理、市場原理とやらに任せるべきだという声にかき消されて放置されてきた。子どもが少ないどころの話ではなく、若者が次々と消え、住む人もいなくなったのに、産業界・都会側は知らん顔だったのだ。

それが都市部に波及し、少々子どもの数が少なくなりはじめたということで、労働力不足だの何だのでこの大騒ぎである。

何事も神の見えざる手によって予定調和が保たれていくとする経済合理主義者なら、日本国民が少子化に走るのも致し方ないことのはずである。ところが、規制を緩和し、諸々の保護も廃止し、競争原理に任せるべきだと声高に主張する人ほど、少子化を大問題と捉え、出生率を向上させるために何らかの対策を打つべきだと主張しているようだ。明らかな自己矛盾である。

若者が少なくなったらそれに合わせた経済構造なり社会構造に変えていかざるをえないはずである。それをたとえば、安直に三人目の子どもからは援助するとかしたら、いろいろなところに狂いが生じてくる。

ちなみに私は一九四八年生まれで、まさにベビーブームの真っただ中の世代である。そしてわれわれの世代が七〇歳、八〇歳に到達する時にいちばん厄介な人口構成となるという。

上記の研修の分科会で、経済が停滞し、年金・医療制度の崩壊を招くのにそれでよいのかと指摘されたが、私は、

「われわれの世代は高度経済成長とともにあった。いまのような閉塞感はなく、なんとなく明るい未来が開けていた。環境もいまほど汚染されておらず社会もずっとあたたかいぬくもりのある社会だった。学校にいじめなどほとんどなく、家庭もそれなりに安定していた。失業もなく働けば見返りがあり、小さい頃の高嶺の花（たとえばバナナ、テレビ）もいまやいくらでも手に入るようになった。したがって、老後の一〇年や二〇年わびしく送ってもどうということがない。団塊世代が去れば落ち着くのではないか」

と反論したところ、皆さん口をあんぐりさせ、あとはあまり議論させてもらえなかった。

戦前を思い起こせば、人口問題のちぐはぐがすぐわかるはずである。

小さな島国では十分な食料が生産できず、それがために、中国に進出し、五族共和（日本人、中国人、朝鮮人、蒙古人、ロシア人）による満州国の建設といった美辞麗句の下、他国の農地で日本人の食料を生産しようとした。つまり、人口が多すぎることが問題だったのである。

それが間違いであることを敗戦で思い知らされ、今度は加工貿易立国とやらで稼ぎまく

ったが、度が過ぎてしまい、外国から買うものがなくなり仕方なく、日本の農業を衰退させてまで、食料を輸入せざるをえないという本末転倒した状況となった。そして、作りに作って、売って売りまくる産業を支え続けるため子どもを多く必要とするというのである。より多くの軍人を供給せんがために産めよふやせよといった戦争中のスローガンが想起される。つまり植民地拡大戦争が輸出品拡大戦争に変わり、その担い手が必要という点では共通なのである。

いま外国から鉱物資源を輸入してそれを加工して製品を輸出することは何の疑問もなく認められている。しかし、これとてかつての植民地と同じように、いつ何時、間違いと指摘されるかもしれないのだ。われわれはやはり、他人（国）のふんどし（資源と市場）で相撲をとることはやめたほうがよく、自前（資源と市場）で自立していく道を探るべきであろう。

このままでいくと、日本の人口は二〇〇七年には一億二七七八万人のピークに達した後、急激に減少しはじめ、二〇三二年には一億人を切ると予測されている。しかし、これは先進国共通の傾向であり、社会が成熟してきた証《あかし》でもある。いま爆発的に人口がふえている発展途上国すら五〇年もすれば少子高齢化現象が出てくるのだ。

それならば、われわれは少子高齢化社会に合わせた対応をしていけばいいのであって、いまの状態を維持する考えを捨てたほうが賢明である。地球環境の破壊は相当ひどい状況に達していることから、人間の数を減らしてまでも、地球生命の論理を考えなければならない時代に突入したのである。

労働力不足は、まずは元気な高齢者の活用がある。一律定年制をなくせば、双方にメリットがある。もっと働きたいという高齢者は数多くいるのだ。力を持て余している女性も多い。生産方法も高齢者や女性に合わせたシステムに変えればよい。前者でいえば半日労働、後者でいえば家事ができるように朝一〇時から午後三時までの勤務といった工夫である。

日本は持てる技術力、資金力を投入して、世界に向けて小さくともゼロ成長ないしマイナス成長でもやっていける見本、すなわち循環型の自立国家の見本を示していくべきである。

二一世紀の世界の課題

それでは、来るべき二一世紀の課題は何か、と問われれば、ほとんどの者が次の三つを挙げるだろう。

(1) 環境

(2)　人口
(3)　食料・エネルギー

この三つの大きな課題は深くかかわり合っている。そして、農業の将来とも大きく関係している。

日本国政府がいま打つべきは、経済成長や少子化問題ではなく、長期的観点に立った前記の三つの問題への対応なのである。

フランス革命二〇〇周年の記念すべき一九八九年アルシュ・サミットでは、主催国フランスのミッテラン大統領（当時）が環境に最重点をおいた。オゾン層の破壊、酸性雨による森林の破壊、CO_2の排出による地球温暖化などの地球環境問題について格調高い宣言がまとめられ、一九九二年の地球環境サミットにつながった。

それ以降、地球環境問題はより深刻さを増し、政府や国際機関の最重要な課題となっている。あらゆる産業活動と人間生活に大変革を求めており、従来の大量生産、大量消費、大量廃棄という資源浪費型、環境破壊型社会・産業構造から持続的発展を可能とする経済社会への転換である。

一九九九年一〇月一二日に六〇億人に達した世界人口は二〇二五年には八〇億人、二〇五〇年には一〇〇億人に達すると見込まれている。そしてこの人口増加により、環境問題が引き起こされている。

発展途上国では本来農業には適さない限界地においても森林を農地に変え農業生産が行われ、土壌流失、砂漠化等の問題を引き起こしている。先進国でもひたすら効率的生産を行うため肥料、農薬が大量に使用され、大気、河川、土壌その他の自然環境を破壊し、人間の健康をむしばみ、生物の多様性を減じている。その大気汚染や水の汚染等の環境悪化によりすでに約一一〇〇万人の乳幼児が死亡しているという。

これらの問題を考える場合、付け焼き刃の景気対策ばかりを優先するなどもってのほかである。浮世離れしすぎていると思われるかもしれないが、より長期的な視点に立った場合は、環境を全面に出した政策転換をはかっていくことも考え方としてはあっていいのではないかと思われる。

二一世紀の日本的課題

経済は大した課題ではない。拡大しすぎてパンクした感があり、適度なサイズになるのがちょうどいい機会である。ずっと右肩上がりといういままでが狂っていたのであって、正常に戻ったほうがいい。そのほうが日本人全員が幸せになれると思う。

そこで世界の課題に関連して二一世紀初頭の日本の課題を考えてみると、私は、以下の四つがとくに重要ではないかと考えられる。

(1)　ゴミの捨て場がなくなる

(2)　過密と超過疎

(3)　高齢社会

(4)　地域社会の崩壊

世界の課題は誰しも認めるものであろうが、日本の課題は、私の思いついた課題であり、教育問題とかほかにもまだあるだろう。

また、この四つの課題の解決に、いずれも農業・農村の活性化が不可欠であり、二一世紀の日本の課題解決には、農林水産業ないし農山漁村が大きな鍵を握っているのだ。

循環型社会になるための例を一つ挙げてみよう。極端な例として、石油の値段が五倍になったりすると、いろいろな日本の仕組みはみな、かなり大きく変わるだろう。原材料を輸入して加工して輸出してという仕組みは、輸送コストが高くなって成り立たなくなるだろう。日本をこれ以上汚さないためにも、そして拝金主義をこれ以上跋扈《ばっこ》させないためにも、私は一刻も早くそういう事態になったほうがいいと考えている。食料も足りなくなったほうが農業を重視するきっかけになって好ましい気がする。

役人として国民が困ったほうがいいなどと不謹慎なことを言うとはけしからんと、怒られたことがあるが、私の言いたいことは、少しでも傷が浅いうちに気づいたほうがよく、深手を負ってからでは遅いということである。

基本的には世界的な課題と日本的な課題とは共通だが、そこから導き出される当面の問題は、先進国と発展途上国とでは当然違ってくる。先進国の一員としては、やはり、環境が一番の問題である。

ゴミの捨て場がなくなる――湾は限界

環境問題と一言に言えても、その内容はさまざまである。古くには水俣病《みなまた》があり、新しくは東海村の臨界事故もこれに当たる。NO_2やSPM（浮遊粒子物質）による大気汚染、そしてぜんそく、環境ホルモン（内分泌攪乱《かくらん》化学物質）による生態異常等の最近明らかにされた重大なものもある。しかし、そうした中で最も深刻で、日本の生き方そのものを変えなければ解決のできない問題がゴミ問題である。中でも捨て場がなくなっているという問題である。

一九九八年冬、実家に帰ったら、信濃毎日新聞が、冬季長野オリンピックが始まるというのに、元旦からの特集はゴミ問題を扱っていた。長野県の一二〇余の市町村のうちの四〇市町村が、ゴミ問題で困っているという。世の中には悪いことをする人がいるもので、オリンピック会場にダンプカーが何台かやってきて一晩のうちに谷にゴミを捨てていった。それを取り除くのに二億円かかったということである。呆れ果ててしまった。けしからんと思うが、誰も阻止できず、誰が捨てたのかすらもわからない。二束三文で山を買って、自分の土地だからゴミを置こうが何をしようがかまわないと思っている人もあるという。そういう特集をしていた。

東京湾、伊勢湾のゴミによる埋め立ての影響にははかり知れない問題がある。長崎の諫早《いさはや》湾の干拓の問題ばかりが取り沙汰《ざた》される。しかし諫早湾は、放っておいてもだんだん土砂に埋まって陸地になっていくものだ。中途半端に陸地になったり陸だか海だかわからないという状態が長く続き、洪水の原因になったりするので、人工の手によって仕切りをつけ自然のなりゆきを少しだけ早く進めるだけの事業である。干潟が大切なことはわかるが、いずれまたできていくのだ。

これに比べれば、湾内をどんどんゴミで埋め立てている東京湾を埋め、海をなくしているほうがよほど大きな問題である。それも間もなく満杯だという。ところが、埋め立ての環境への影響を、住民も、マスコミも、学識経験者も、東京のゴミは捨てる所がないから仕方がないとしてあまり問題にしない。バランスを欠くのもいいところである。

あからさまには誰も指摘しないが、日本の今日の産業構造、国際貿易の構造が変わらず維持されるかぎり、じつは、ゴミは、いやが上にも、日本に蓄積する運命にある。

日本はここ十数年来ずっと工業製品を世界中に輸出し、毎年五〇〇億〜一二〇〇億ドルの貿易黒字を貯め込んでいるいびつな輸出大国である。しかし、それはあくまで金額ベースであり、本当は日本は超輸入大国なのだ。日本を出入りする物の量の収支が、それを如実に語っている。すなわち、推定値であるが、日本は石油、石炭、鉄鉱石、ボーキサイト、木材、飼料穀物など、年間八億トンという量の物を輸入し、他方、輸出する物の量は製品化された軽いコンピューター、家電製品等で七〇〇〇万トンにすぎない。差し引き、年間七億トンという産業廃棄物が、国内に残る計算になる。

さらに悪いことに、原材料を加工して製品化する過程で大気を汚染し、河川を汚し、海も汚している。

毎年七億トンずつ日本の量的な輸入超過が続けば、名古屋市でなくともゴミ処分場がなくなることは当然である。いくらリサイクルしようが、この資源浪費型加工貿易立国のスタイルそのものを変えないかぎり、日本は廃油、鉱さい、廃プラスチック等の産業廃棄物で埋め尽くされてしまうのは時間の問題であろう。

同じ貿易大国でもアメリカは、輸出入ともに三億トンであり、かつ隣国カナダが最大の貿易相手国で、ゴミも少なければ、輸送による汚れも大きくない。それに対し、日本は海を隔てて世界中から資源を輸入しているのであり、輸送による汚染にも多大な貢献をしていることになる。つまり、「距離×重量」でみると日本が最大の貿易国になることは間違いない。

家畜の飼料を含めて食料の貿易でみると、この輸入大国ぶりがもっとよくわかる。家畜のエサ、飼料はじつに年間約一六〇〇万トン、麦は約七〇〇万トン、大豆は約五〇〇万トンである。そして、輸出はほとんどネグリジブル（無視できる）である。

かくして、日本列島は、いまや、年間七〇〇〇万トンを超えるふん尿列島である。南九州や愛知、千葉、茨城の各県は、窒素だらけ、ふん尿たれ流しの状態である。こうした日本の実態と対照的に、アメリカはだんだんと、やせこけている。循環を考えたら、大量の穀物を運んできた船が日本の有機質の肥料、すなわちアメリカの農地でできた穀物によりできたふん尿を今度はアメリカに運び、穀物の生産された農地に戻さないといけないことになる。

エントロピー学会が一九七〇年代頃から指摘していたが、日本の環境問題というのは原子力発電等の問題もあるが、最初に問題になるのはゴミの捨て場がなくなるということにある。

「日本は、ビルを壊すエネルギーもなくなって放棄され廃墟《はいきょ》の街になる」

と、一九八〇年代後半の学会のシンポジウムで指摘されていたことがいまも私の耳に焼きついて離れない。つまり、産業廃棄物よりももっと深刻な問題になるのは、無造作に建てられ耐用年数が数十年でくるコンクリートのビルのゴミだというのだ。一体どこにどう捨てるのだろうか。考えてもぞっとすることである。

過密と超過疎——村が消える

本当かと思われないかもしれないが、先進国で大都会への人口集中が起こっているのは日本だけである。都市集中は発展途上国の問題なのだ。バンコクやジャカルタなどでは、農村では食べていけないということで、一〇〇〇万人もの人口が大都市に集中している。

江戸時代、日本の人口は約三〇〇〇万人、大江戸八百八町に一〇〇万人が住んでいたといわれる。一八五〇年代になると外国人が次々に訪れるが、その整然としたたたずまいときれいな道、川を一様に賞賛している。

人ふん尿も近隣の農家に買い取られ、まさに循環で成り立っていた大都市であった。遠くから運ばれてくるのは米や材木、その他軽量のぜいたく品だけで、それ以外はほとんど近隣の農山漁村のもので賄われていたのである。

ところが、いま東京には全人口の一〇分の一に当たる一二〇〇万人が住んでいる。江戸時代の三〇分の一に比べると、いかに集中度合がひどいかよくわかる。これに千葉都民、埼玉都民、神奈川都民を加えて、全人口の四分の一近くの三五〇〇万人が首都圏に住んでいることになる。

かつて大阪に本社をおく企業も多かったが、いまや東京本社が圧倒的である。集中のメリットを考えたら東京一極集中ほど効率のいいことはないが、日本以外の国は、政府も民間も分散をはかっている。掛け声だけの首都移転は空虚に響くばかりであり、また規制緩和、自由競争の錦の御旗の下、徒《いたずら》に東京に集中する企業の無責任さはきわまりない。また、景気が後退すると真っ先に農村地域の工場は閉鎖され、かつて鳴り物入りで整備された工場用地には雑草が生い茂っているばかりである。

さらに悪いことに、日本の賃金が上がると安い労働力を求めて農山村を捨て海外に進出していった。安ければ何でもいいという哲学なき利潤追求の姿勢はとどまるところを知らず、地域社会の活性化とか雇用の確保など眼中にない。

日本は人口の都市集中という点では、いまだ発展途上国型であり、農村部から都市部へ、日本海側から太平洋ベルト地帯への移動がいまも続いている。戦後、各県とも人口がふえ続けたが、一九七八年に秋田県が減少に転じ、いまは半数近くが人口減少県となり、市町村にいたっては三三〇〇市町村のうち三分の二以上の二三〇〇市町村が減少している。つまり、不便な中山間地域や離島、半島から中核都市へ若者が流出し、かつ全体として、さらに大都市への流失が続いている。したがって、過密問題は、首都機能の分散等でそれほど深刻ではないが、過疎はますますひどい状態になっている。

男女共同参画が謳《うた》われて久しいが、農村は女性から徹底的に嫌われてしまった。跡取り息子は農家の跡を継いでも、自由になった女性が農村を出てしまい、農家に花嫁が来ず、家の存続すらできない状況となり、まず挙家離村が生じた。その結果として村の存続すらできなくなってしまって、次に集落全体が忽然《こつぜん》と消える挙村離村である。たとえば一九九〇年には一九七〇年と比べ農業集落が二六〇〇減少している。戦乱もない世界で何百年も続いた村が消えるような事態が生じているのはおそらく日本だけである。そして小さな村から医者がいなくなり、小学校が廃校となり、住みにくさが募り、また離村するものがふえるという悪循環がくりかえされている。

農業軽視、田舎無視、都市優先、経済効率一辺倒のなれの果てに生じた悲惨な姿である。明治以降の一三〇年余は、向都離村（都市に向かい村を離れる）の歴史だったといってもよい。それは、殖産興業に沿った動きであり、加工貿易立国にも沿った動きであった。しかし、国土の均衡ある発展を考えるうえからも二一世紀には流れを逆にする必要がある。たとえば過疎山村にも安心できる医療体制を敷き、教育水準を中小都市並みにするだけでもかなり違った効果が出てくるものと思われる。

欧州諸国は、放っておくと日本のようになりかねないので、政策的に条件不利地域（日本の過疎地と同等と考えてもらってよい）に住んでもらうという努力をしている。ところがアメリカは自由競争とやらに任せっ放しで放ったらかしである。その結果、一軒の農家が何百ヘクタールという土地を持つ国だから、地方の村の商店や学校ががらがらになる。町村のコミュニティが崩壊し、アメリカの中西部では空洞化現象が起きている。中西部の農村地帯を車でドライブするとその空洞化ぶりがよくわかる。ほとんど人に会うことがない。日本の中山間地域と同じである。

高齢化社会――後期高齢者の都市流入増

恵まれすぎた食生活のおかげで、日本人の平均寿命は女性は八四歳、男性は七七歳と世界一である。

先程、少子化はそれほど問題ではないと述べた。少子高齢化と並び称される高齢化は重大問題である。

日本の六五歳以上の高齢者は一九九九年九月現在二一一六万人と総人口の一六％に達しており、完全に高齢社会（aged society）になっている（国連の定義では高齢人口の比率が七％以上となり高齢化が進行している社会を「高齢化社会」（aging society）とし、一四％以上が持続する社会を「高齢社会」という）。

農家人口でみると高齢化率は二五％を超え、農村では高齢化が先取りするかたちで進行していることがわかる。

今後も急速に高齢化が進み、二〇二五年には三三一二万人と総人口の二七・四％に達し、二〇五〇年には三二・三％になると見込まれている。

また、高齢人口の中の高齢化も問題とされ、団塊世代が老年後期に達する頃の二〇二二年には、後期高齢者（七五歳以上）が前期高齢者を上回ると見込まれている。後期高齢者の人口増により、寝たきりやアルツハイマー病等による痴呆《ちほう》老人の問題がますます顕在化するものと考えられる。

日本の高齢化問題を扱ったベストセラーに『恍惚《こうこつ》の人』（有吉佐和子）がある。一九七〇年代中頃の物語であるが、前にも述べたように、私はこの物語の設定があまりありえないことが気になった。つまり、年老いた老夫婦が二人そろって故郷を離れることが納得いかなかった。日本人の一般のメンタリティからすると、見ず知らずの人ばかりの都会に田舎の老人が出てくるのは、よほどのことがないかぎりありえないからだ。

昔は長男が家に残り、次・三男以下が都会に出たが、途中から長男も長女も田舎に住めず家を出てしまい、両親のみが残された。いつか故郷に戻ってほしいと淡い希望を抱きつつ助け合い、片方が病気になっても片方が看病する。看病の甲斐《かい》なく片方が亡くなり、一人になっても故郷に残る。ところが、その残った片方が病気になり、入退院をくりかえされるようになると、子どもたちが引き取らざるをえず、仕方がなく、都会に出てくることになる。家族以外に知人のない都会に死ぬために出てくるようなものである。

そしていま、二十数年前私がありえないと思ったことが、現実に起きつつある。東京都二三区からは若者の流出が続き、都心の名門小・中学校は廃校の憂き目にあっているが、七五歳以上の後期高齢者だけは流入が続いているのである。人の移動は世相をそのまま反映し、統計数値が正直にこの動きをとらえている。

私は、頭の中ではわかっていたが、三年前にこの現実の場面を垣間見ることになった。香川県出身の同期の八三歳の母がなくなり、私が幹事として香典を集め、生花を送ることになった。一人暮らしで病気がちになったため、一年余前に同期の兄の家に引越してきていたそうで、お葬式が杉並区のお寺で行われた。同期の親といっても見ず知らずなので、通常は出向くことはなかったが、東京なので、

「お通夜ぐらいには出てもいい」

と告げると、

「それなら昼休み中の葬式なので、葬式にも出てほしい」

と珍しい要請を受けたので、応ずることにした。夜のお通夜は行ってすぐ帰ったので気づかなかったが、二時間余の葬儀への参列者はなんと二〇人に満たず、ご焼香もすぐ終わり、坊さんのお経だけが延々と響きわたった。東京に知人がおらず、二人の息子夫婦と孫しか泣いてくれる参列者はいなかったのだ。私が、

「何で香川でやってやらなかったのか」

と問い質すと、憐れな働きバチは、

「香川でお葬式をするほど十分な休暇をとれないため、東京で簡単にすますことにした」

という。私は葬儀で出なかった涙がこの時にあふれ出た。大正時代の中頃に生まれ、戦争中に青春時代を送り、親に仕え、戦後は二人の息子を立派に育て上げた人のあまりに悲しい野辺送りである。

この数日後、こうした東京に死にに来るだけの孤独な後期高齢者用の葬儀に、アパートなりマンションの一室で家族だけで行う簡単なお葬式、すなわち五万円ですむ「地味葬」なるものが定着しつつあると全国紙の家庭欄が紹介していた。

一方、東京の高齢者ももっと哀しいかもしれない。ちょっと家族と離反したりすると、もうそこには拠《よ》って立つ地域社会が存在しない。東京では一九九九年、孤独死した者の数

が年間一二〇〇人と三年前の三倍増だという。立川市では古いアパートを取り壊したところ、六〜七年前に亡くなったと思われる白骨死体が発見された。白骨死体化はよくニュースになるが、こんなに長く放置されたのは珍しく、少々大きく報道された。

都会は自然がないばかりでなく、人間関係もそれこそ希薄になり、孤独な高齢者が住める所ではなくなってしまった。仕事のできる若者だけの街にすぎない。これを知るパリの住人は、田舎にセカンドハウスを造り、週末には訪れ、退職と同時に住みつく人も多い。

こういう事態を放置しておくのは、私は、どうかしていると思う。社会の仕組みがそうなっている、ではすまされない。よくないことである。介護保険法が二〇〇〇年四月からスタートしたが、この問題は社会の仕組みによることであって、介護保険法で解決するような簡単な問題ではない。社会の構造がすべて産業優先であって、子どもがちゃんと育つとか、高齢者が老後をつつがなく送れるという世の中の仕組みをまったく考えてこなかったのである。

教育問題を〇〇審議会に預けても高齢者問題を介護保険で何とかしようとしても、この恐ろしい産業優先、経済優先社会が続くかぎり問題は残る。

日本のような経済効率や生活の便利さだけを求めた人口の大都市集中はどうみてもおかしい。高齢者が安心して地方に住めるようでなければならないと思う。

地域社会の崩壊

その後、愛媛県の某市役所の関係者から、孤独死した者を近所の人がすぐ気づき、都会の子どもたちに連絡したところ、

「しばらく預かってほしい」

と言われびっくり仰天した、という話を聞いた。前出の例と異なり、一人になっても地元に残っていた人の悲劇である。ただ救いはまだ近所づきあいがあり、近所の人が家族に連絡をしてくれたことである。これでは、とてもまともな情ある社会とはいえまい。非情この上なく、介護保険とかいう以前の問題である。しかし、こうした事態が先行しているにもかかわらず、世の中はあまり変わっていない。

都会はビジネスの街であり、どうも従属人口（一五歳未満の子どもと六五歳以上の高齢者）に住みよい工夫がなされていない。つまり社会的弱者ともいうべき子どもと高齢者のことは二の次になってしまっているのだ。だからこそ、校内暴力、学級崩壊、登校拒否、家庭内暴力、いじめ等々、子どもがいわば反乱を起こし、高齢者は哀れな最期を迎えている。

都会には形式的にも、滑り台、砂場、ぶらんことお決まりの小さな公園があちこちにあ

るし、保育園も幼稚園も立派である。金にあかせて老人ホームも農村部よりそろっている。しかし、近所に知り合いもなく寂しい老人、自分を育んでいてくれるあたたかい地域社会のない子どもたちが大半である。

日本の安定の礎《いしずえ》と言われ、アメリカのようにそうした社会の存在しない国からは羨望をもってみられていた地域社会の紐帯《ちゅうたい》は、都会ではいまや見る影もない。これでは犯罪率も高まり、助け合い精神が失われていくのは仕方あるまい。

中野区など年間一五％の住民が移動するという。計算上は七年間で全員住み変わることになる。これでは隣は何をする人ぞ、ということになってしまうのもやむをえない。経済社会構造の変化に効率的に対応していくにはこのほうが便利かもしれないが、その代わり大切なものを失っているのである。

それでも企業社会は磐石《ばんじゃく》だと思われていたし、サラリーマンはそのため滅私奉会社をしてきたが、その企業社会からもリストラでいとも簡単に捨てられることが判明した。拠って立つ縁《よすが》がなくなりつつあるのだ。このあたりに、いかがわしい新興宗教が跋扈《ばっこ》する一つの理由が存在する。

大半の人たちが定住し、顔見知りの社会の良さを復活したほうがよいと思われるが、東京都は愚かにも、小・中学校の選択制を導入した。教育の現場にも競争原理というのである。人生の開始からバラバラであり、連帯感の希薄化に拍車をかけることだろう。有名私立の一貫校で財力も知的レベルも同じ友とばかり接して育った子どもには、「いろいろな悩みや宿命を持った者への思いやりを持て」と言ってもピンとこないであろう。教育改革が叫ばれているが、方向を見損なうと事態はもっと深刻化してしまう。

大平政権の田園都市構想と竹下政権のふるさと創生論

人も物も金も情報も何でも大都市、とりわけ東京に集まりすぎていることが、日本の今日の問題の根底にある。それを解決すべく、国土機能の分散も掛け声だけなら昔からあった。

古くは、大平政権の家庭基盤の充実、田園都市構想である。大平総理は、安定した家庭とその集合体である地方の中核都市こそが日本の今日の繁栄の礎であるとして、上記の二つを政権のスローガンとして掲げた。

総合安全保障、文化等九つの研究グループを立ち上げたが、そのうちの二つが上記のものであった。慎重な言いまわしの大平首相も、都市の連帯感の欠落化やモラルの乱れを心配し、田園都市の復活を強調するあまり東京三代白痴論なる失言沙汰《ざた》を起こしてしまったが、それだけ想いのたけが強かったということである。

次に、竹下政権のふるさと創生論である。ともかく、田舎を活性化しなければならないと、各市町村に一億円の使途を指定しない予算を配分したのである。田舎の青年団運動、農業委員の頃から日本の故郷の衰退を憂えていたにちがいない。

国民も都市がいたずらに膨張を続け、田舎がさびれていくことに漫然とした不安を抱いていたのであろう。その証拠の一つが一九八八年に始まった典型的バラマキ予算である「ふるさと創生資金」が、ほとんど批判にさらされなかったことである。

マスコミは、国の予算の使い途にはことのほか目を光らせている。たとえば、財界の煽《せん》動《どう》はあったにせよ、土光臨調時代（一九八三年以降の数年）の農政批判にはすさまじいものがあった。ところが、マスコミないし国民は竹下政権の目玉予算には不思議なほど文句をつけなかった。

それは、地方が衰微していることを大半の国民が肌で感じ、なんとかしてやらなければいけないとうすうす感じていたからにちがいない。もっと言えば、田舎で汗水たらしている祖父母や父母の姿が眼に浮かんだのかもしれないし、森林や農地の国土保全機能などの多面的機能に対し、何らかの援助をしなければならないという気持ちがはたらいたのかもしれない。

規模を問わず、市町村に一億円ずつ配り、産業振興以外の何に使ってもよいなどという自由裁量の幅が大きく、かつ巨額の予算はたぶんどこの国でもみられないであろう。

地方分権委員会ができ、具体化するのはそれから約一〇年後だが、ふるさと創生資金はそのはしり、ないし見本かもしれない。すべて中央で決められていたものが、市町村の自主性に任されたのは画期的であり、自ら考える機会を与えたことに大きな意義があると思われる。

「工的大日本」から「農的・環的日本」へ

落日の工業国家体制

「工的大日本主義」が、戦前、戦後を通していかにおかしかったかをまとめると、次表のとおりである。

戦前は軍事大国をめざし、戦後は軍事を捨て経済大国をめざした。戦前から戦後への動きは、「富国強兵・殖産興業」から「加工貿易立国」へ、「領土拡張・植民地化」から「工業製品市場の拡大・経済進出」へ、である。戦前の軍部に当たるもの、それが経済成長・輸出一辺倒である。

昔は東亜新秩序、アジアの同胞をヨーロッパの支配から解放するという大義名分があった。しかしいまは大義名分はない。日本だけよければいいという態度である。「軍事拡大競争」に対して「経済拡大競争」、「植民地支配による欧米との対立」に対して「通商摩擦による対立」、「軍事戦争（第二次世界大戦）」に対して「経済戦争」、「領土支配」に対して「経

（工的大日本主義の矛盾を考える）

戦　後　～　現　在	21　世　紀
経済大国	大国主義の放棄（生物資源大国、援助大国）
加工貿易立国 → 寄生的通商国家	permaculture 立国 → 自立的循環国家
工業製品市場の拡大・原料供給地化 ＝ 経済進出 タカ派 ＝ 高度経済成長論者	なし（内在する生物資源、伝統的技術と市場を生かし、海外依存を脱却）
なし（働いて豊かになってどこが悪いという開き直り） → 理念なき特殊な国家	地球社会の共存共栄 → 北 国際的社会福祉　　 → 南 国際的に尊敬される理想国家
経済拡大競争 ＝ 自由貿易の原則 （国際的歯止めなし、各国が輸入制限・高関税・自主規制等）	利己的な国家間競争はなし （相手国の立場をわきまえ、慎ましやかに振る舞う）
慢性的通商摩擦の発生 → 日本の再孤立化 → 経済戦争	率先して人間重視・自然調和型の新しい生き方の見本を示す
経済支配 → 南北格差・南北摩擦の拡大 → 反日感情の再燃	農業・中小企業・人づくり等により自立の手助け → スウェーデン的中進国
民族の経済的自立 → 資源ナショナリズム（丸太輸出禁止、産油国精製）	民族の文化的自立 → 南北があらゆる面で対等になることをめざす
エコノミック・アニマルという反感	（やっと国際社会の一員となったと好意的評価）
経済帝国主義・経済植民地主義という批判	（新国際経済秩序に見合うという好意的評価）
ジャパン・アズ・ナンバーワンとうぬぼれる	（浮き世離れした超理想主義的空論と一笑？）
国際分業論により海外からの輸入に全面的に依存	国内の資源をフル活用し自給率を高める
国内炭等を捨て全面的に海外からの石油に依存 原発等代替エネルギーの開発	国内資源（森林、小水力、太陽熱、風力、地熱）の有効活用 省資源・省エネルギー
輸出しやすい環境を維持するためにその範囲で拡大 → 防衛予算の突出 → ？	最低限の防衛に徹する 経済・技術協力による国際世論の支持が最良の安全保障
個人の利益のためによく働く産業人の育成（滅公奉私？） → 教育の荒廃（いじめ、登校拒否等）	人間としての基本的素養を身につけた国際的にも通用する日本人の育成
石橋湛山の小日本主義（→工的大日本主義） 海外植民地放棄 軍縮、民族独立援助	環的中日本主義 海外資源・市場放棄 総合安全保障 民族自立援助

環的中日本主義の勧め

	明　治　～　戦　前
大　国　の　性　格	軍事大国
日　本　の　方　針	富国強兵・殖産興業 → 自立的超大国
進　　　　　　　出	領土拡張・植民地化 ＝ 軍事進出 タカ派 ＝ 軍部
大　義　名　分	東亜新秩序の形成 アジアの欧米列強支配からの解放 → 結果的に実現
競　争　原　理 ‖ 強　者　の　論　理	軍事拡大競争 （ワシントン条約等の国際的歯止め）
先進国との関係	植民地支配をめぐり衝突 → 日本の孤立、国際連盟脱退 → 第2次世界大戦へ
発展途上国との関係	領土支配 → 敗戦による他律的解消 （→ 経済復興に専念）
発展途上国の目標	民族独立 → 戦後の民族独立戦争でLDC（後発開発途上国）側がすべて勝利
先　進　国　の　評　価	帝国主義 植民地主義
発展途上国の評価	同　上
日本国内の評価	同　上
食　　　　　　　料	拡大した植民地で生産し国（植民地）内自給
エ　ネ　ル　ギ　ー	アメリカが石油の輸出を禁止したため、中国・東南アジアで自ら油田開発
防　　　　　　　衛	欧米列強に伍すため、ひたすら軍事力を拡大 → 軍事衝突そして戦争へ
教　　　　　　　育	国家のために滅私奉公する強い軍人あるいは国民の育成
大　日　本　主　義 中　日　本　主　義 小　日　本　主　義	大日本主義 植民地拡大 軍備拡大 大東亜共栄圏の建設

済支配」、「民族の政治的独立」に対して「民族の経済的自立」、「帝国による植民地主義」に対して「経済帝国主義・経済植民地主義」と続く。

戦前、内村鑑三《うちむらかんぞう》や新渡戸稲造《にとべいなぞう》という開明的な人たちでさえも、植民地政策を肯定し、「欧米列強も皆植民地を持っており日本人も優秀でその能力があるのだから、満州に五族共和で国をつくっていいのだ」という主張を支持した。しかしいまは、小学生でも、他の国の領土を占領する植民地主義はよくないことだと理解している。

いま、「マレーシアやインドネシアに資源があるが、両国には技術がない。そこで資源を買って輸入し、加工して製品化し輸出する。これは先進国の当然の権利であり悪いことではない」とされている。しかし私は、こういう対外的なあり方は、何十年か後に、これはよくなかったと必ず言われる気がする。現在はわれわれは、オウム真理教ではないが完全にマインドコントロールされているにすぎないかもしれないのだ。

マレーシアの錫《すず》やゴム、インドネシアの石油、ボーキサイトは、第一義的にはその国の人が豊かになるために使われるべきである。日本はより優れた技術を持っており、資金力もあるということだけでマレーシアやインドネシアの資源をもっぱら日本が輸入してそれを製品化して輸出し、日本にだけお金が落ちるようにしてきた。こうしたことを将来も続けることは許されないことである。戦前のように国民が食べていかれない、だからどうしても必要だというのではない。世界一贅沢《ぜいたく》な生活をしながらさらに豊かにならんとしているのである。本来の姿、すなわちその国の貧しい人たちが豊かになるために使われるべきである。

「小日本主義」という言葉は石橋湛山《いしばしたんざん》から借りたものだ。

石橋湛山は、戦前から「満州を捨てろ、朝鮮を捨てろ。人の土地を奪って国民を食べさせるようなふざけたことはするな。逆に日本でも同じようなことをされたらどう思うか。皆、日本に帰って来い。日本人はよく働くのだから日本で一生懸命働けばよい。それで得た金で資源を輸入しろ。そして加工して製品を作れ。製品を輸出して儲けた金で、新たな資源、必要な食料を買え」と植民地主義や移民を戒めた。いまではきわめて当たり前のことであり、加工貿易立国のはしりの提言である。

私はそのとおりだと思う。しかし、結果はどうなったかというと、過ぎたるは及ばざるがごとしであって、日本人が生きていくために加工貿易が、輸出しすぎてしまって儲けすぎ、外国から買うものに事欠き、仕方なしに食料を買う、いや買わされている、という本末転倒したことになってしまっている。

加工貿易立国の限界

私は、そういう矛盾した加工貿易立国はすぐやめたらいいと、一九八五年に書いた。

そうしたら、日本経済新聞の経済論壇（一九八五年六月二五日）が取り上げた。当代一流の経済学者が執筆を任されているが、当時は「正義と嫉妬《しっと》の経済学」等で洒脱《しゃだつ》な論を展開された竹内靖雄成蹊大学教授であった。

当時、日米通商摩擦はたいへん大きな問題であったが、経済論壇では「怒れる相手」に対する対応のパターンを紹介している。①は「あくまでも論戦する」、②は「その上で取引に持ち込む」、③が「力関係を考慮してできる範囲で譲歩する」、④四つめはひどく譲歩して「相手の怒りを鎮めるために要求には何でも応じる(この中には、相手の気に入るような人間に生まれ変わる努力も含まれる)」、⑤五番目に「錯乱ないしは自閉症的対応」と変なことが書いてある。

錯乱はともかく「自閉症的対応」とは私と同じようなことを言っている人がいるのかなと思って読み進むと、とんでもない。「事態を国難と認識する論者たちは過度に情緒的、ナショナリスティックな反応（⑤）を排しながら、③や④しかない」と続いている。この「ナショナティックな反応」は、当たっていると思う。

大手企業の若手の勉強会などでこういうことを言うと、

「日本は技術力も金もあるのに、なぜ輸出を抑えなければならないか。競争して勝っているのだからいいではないか」

と言う人がたくさんいた。そういう時は私はいつも次のように反論した。

「買ってもらわなくては生きていけないというのではなく、自立して生きていったほうが雄々しい。私の考え方のほうがナショナリスティックなんだ」

多くの人はわかってくれなかったが、竹内教授はこの点は気がつかれたのだろう。そして次のように続く。

「経済摩擦への反応の一つとしては、こうまで風当たりの強い商人国家型の生き方はいっそやめてしまってはどうかという、一見⑤のような立場も考えられないわけではない。例えば、『農的小日本主義の勧め』（柏書房）という本を書いた農林水産省の篠原孝氏が、その要点を『THINKING』六月号に『新・小日本主義の勧め』と題して書き、公文《くもん》俊平《しゅんぺい》氏、柿沢弘治《かきざわこうじ》氏らが、コメントを寄せている。俄《にわ》かには支持されない考え方であろう」

雑誌『THINKING』が、その創刊第二号で私の考えを大特集した。私の考えを取り上げるような過激な雑誌であるからすぐ廃刊になったが、公文東京大学教授や衆議院議員の柿沢弘治さんなど、政界、官界、財界から有識者一〇人に私の本を読んでもらい意見を聞いた特集であった。私の考え方が新鮮に映ったのだろう。

当時、外国に経済進出するのはやめろなどという人はなかった。中曽根総理が、日米通商摩擦を解決するためにアメリカ製の一本一万円もするネクタイを国民が一人三本ずつ買ってくれたらいいと発言していた頃である。使いもしないもの、いらないものを国民が、なぜ買わなくてはいけないのか。経済用語でいう拡大均衡である。輸出しすぎているので、買いたくもないのに仕方なく買わなくてはならない。こんなバカな話はない。それなら、元に戻って、嫌われている輸出しすぎを抑えて、余計なものを買わなくていいようにすればいいだけの話である。私は、単純に常識で考えて言っているにすぎなかった。

それを錯乱とか自閉症とかバカにするのはけしからんと私は怒った。

「錯乱は多少認めるとしても、俺なんかどちらかというと自閉症気味なのに」

すると二年後輩のKが私を諭してくれた。彼はクリスチャンで人柄が良くて怒った顔を見たことがないというできた男だった。

「篠原さん、よく読んでくださいよ。『このような立場も考えられないわけではない』というのは、『考えられる』ということです。『俄かには支持されない』というのは、『いつかは支持されるであろう』ということです」

私はあまりのやさしい解釈に苦笑いするばかりだった。

ところがこれは、まんざら嘘《うそ》でもないことであった。五年後の一九九〇年に東京新聞の記者の訪問を受けた。五年たっても日米通商摩擦は悪化するばかりで、ふと気になって私の本を読み返してみたところ、最初に読んだときはそんなバカなと思ったものの、いまはこれしかないという気がしてきたという。そして正月の三日の特集で二頁を使って農的小日本主義的考えを掲載したいという要請を受けた。

私は当時、対外政策調整室長として、日米構造協議、ＡＰＥＣ（アジア太平洋経済協力閣僚会議）、ガット・ウルグアイ・ラウンド等の国際問題を担当しており、個人的意見を言うわけにいかないので、ていねいにお断りした。その代わり、目立たないように小論は書くこととし、「工的大日本主義からの脱却」（一九九〇年二月七日）というタイトルで私の考えをくりかえした。

するとアメリカ人から手紙をもらい、アメリカに日本の主要論調の一つとして紹介したいと、英訳を送ってきた。そして、アメリカの新聞「Chicago Tribune」等二五紙が私の考えを取り上げた。そのオリジナルの英文のタイトルが「A Greener, Gentler Japan」(環境を守るやさしい日本)で、私の言いたいことをまさに表現したものであった(巻末の英文資料参照)。私の考えは、輸出をして相手の産業をつぶして何のためになるのかという主張でもあったから、アメリカにとって耳ざわりがよかったわけだ。

さらに、五年後の一九九五年になると、いまは亡き盛田昭夫氏が『文藝春秋』誌上で、「輸出はもう抑えていく」と、やっと当然のことを言い出され、稲森和夫氏等も同調された。しかし、一〇年前、一五年前は、まことに当たり前のことを当たり前に言っても、なかなか人には理解してもらえなかったのだった。

二〇〇〇年のいまは、環境上の制約から地球温暖化防止条約の京都会議（COPⅢ）に象徴されるとおり、炭酸ガスの排出を抑えなければならなくなってしまった。その前にバブル経済がしぼみ、長い不況となり、日本に一〇年前の有頂天の時の面影はない。時代は変わり、歴史は急激に動いている。

持続性のある産業とない産業

「Sustainable Development」（持続的開発）の「Sustainable」（持続できる）と「Development」（開発）という言葉は前述のとおりそもそも矛盾していて、要は、成長がゼロということだが、「ゼロ成長」と言い切ると語弊があるから、いかにも進んでいるかのような言葉を使ってごまかしているような気がする。

どの産業が持続性があるかというと、鉱物資源を使っている工業は、鉱物が枯渇資源なので持続的ではない。羊毛とかリサイクルできるものも使ってはいるが基本的には鉱物資源を使う。日本は鉱物資源のほとんどすべてを外国から輸入していて、自給できるのは硫黄と石灰と砂利ぐらいである。先進国は産業革命以後工業化社会となり、この間、ありとあらゆる公害を生み出してきている。

工業とそっくりなのが養鶏・養豚などの加工畜産である。オランダの酪農をみると、アメリカから飼料穀物を輸入して、農家が乳牛を飼育し、チーズを作って輸出している。日本の加工貿易となんら変わらない。違いは生物を資源とする点のみである。日本の場合も、エサも種豚・種鶏もみな外国から輸入し、違いは輸出していないことだけである。ここでの生産性とは、エサも種もどれだけ節約するかということでしかない。外国から輸入した飼料を原材料として農家が加工して、肉、卵、牛乳等の製品を製造している点で工業となんら変わりがない。

この点をよりわかりやすくするために、石油化学工業と加工畜産業を比べてみる。

日本は石油精製業を保護している。同じ保護の論理に立脚すると、肉の自由化を拒否して海外から肉を輸入しないという方針を採ってしかるべきである。

石油精製業と加工畜産業の類似性

	輸入	加工する者	加工品	方針
石油精製業	原油	石油化学工業	石油製品(ガソリン等)	消費地精製主義
加工畜産業	飼料穀物	畜産農家	飼料穀物製品（肉、卵、牛乳）	消費地精肉主義

なぜならば、前表のとおりである。

わが国の原材料輸入のうちで最も多くを占めているのは原油であり、たとえばオイルショックのときは日本の輸入代金の四割ぐらいを占めていた。原油の加工したものがガソリンなどの石油製品である。

じつは石油の流通には、一つのルールがはたらいていて、石油製品はいっさい輸入しないということになっていた。石油化学工業を日本に温存するために、石油業法により一滴のガソリンも輸入できなかった。古い話だが、このカラクリに気づいた人が挑戦してシンガポールでガソリンを買ってタンカーを走らせたとき、大問題になった。その後さすがに石油業法が改正され、形式的にはガソリンを輸入できるようになったが、タンクの規模とかいろいろ制約があり、相変わらずガソリンをはじめとする石油製品はほとんど輸入されていない。

加工畜産業界を石油業界と比べてみると、飼料穀物を使った加工製品とは肉のことである。日本の牛肉自由化が問題になったときのことを思い出してみると、牛肉は輸入割り当てが行われていたが、ともかく輸入はしていた。それに対し、石油加工製品であるガソリンは一滴も輸入していない。このように、石油業界のほうが畜産業界よりもずっと保護されている。こういうごまかしがあるのだから、石油業界は口が裂けても牛肉の自由化を唱えられなかったはずだ。ところが畜産農家も国民も、はたまた石油業界の人もこうした単純なことに気づいていない。

畜産業を石油精製業並みに保護するとしたら、石油業界の「消費地精製主義」に倣《なら》って、エサなり原材料は輸入するが肉製品は一切れも輸入しないという「消費地精肉主義」が成立してもいいのである。

畜産業はとても石油化学工業並みには保護されていない。ところが、日本人は、完全にマインドコントロールされていて、「日本の農業は保護されている。工業は保護もなく世界と伍《ご》している」と思い込んでいる。日本ではアメリカがよく指摘するように、さまざまな制度が工業向けにつくられており、工的大日本主義がまかり通っているのだ。

ただし、だんだんと崩壊してきている。巨大な装置型産業もかつての優位性はなくなり、安い労賃に頼った繊維産業もダメになってきている。はたしてこの先の日本の生きていく道、産業とは何であろうか。いくらコンピューター、エレクトロニクスの時代だといっても、そればかりでは生きてゆけない。

持続性の高い「Sustainability」がある産業とは、漁業のうちでは、沿岸漁業である。遠洋漁業は大量の石油を使って外国に出て行っているので、あまり持続性は高くない。沿岸国が漁業をやりだせば追い出されることになるし、石油の価格が上がったらコストがかさんでよほど高級魚でないと採算が合わなくなる。

獲りすぎを抑えさえすればいつまでもやっていける。第2章の「自然の力を引き出す農業技術」で述べた漁業資源管理の根本であるMSY（Maximum Sustainable Yield＝最大持続生産量）理論がまさに当てはまる。TAC法（「海洋生物資源の保存及び管理に関する法律」）の理念を守りさえすれば、持続的開発（Sustainable Development）が達成できる。

養殖業はエサを与える給餌《きゅうじ》養殖とそうでない養殖の二つに分けられる。タネを植えているだけのホタテやカキはいいのだが、エサを与えるハマチとかタイの養殖業はより環境破壊的である。エサのカスが内湾を汚すので注意しなければならない。そもそも安いイワシをエサにして高級魚を養殖するというのは、イワシが三〇〇万トンも獲れる時代の話で、魚粉を輸入するとなると加工畜産と変わらない。

自然の摂理にかなり合っているのは栽培漁業である。林業を考えていただくとわかると思う。林業では植えすぎた木は間伐をする。栽培漁業では、いくら放流しても適当なものしか残らず、間伐の手間は省ける。ただし、すべて死んでしまったり、どこか遠い所へ行ってしまうというデメリットもある。ただ、これも本当のエコロジー（生態学）のありようからはずれている。つまり、人間にとって都合のいい魚種ばかりがはびこる海洋にするのはよくないのである。欧米ではとうの昔から過剰なふ化放流は生態系を乱すものとして問題視されている。したがって、環境教育の一環としての子どものカムバック・サーモン運動など存在しない。

環境にやさしい生き方

最近のキーワードの一つに「Environmentally Friendly Way of Life」（環境にやさしい生き方）がある。地球環境問題に端を発して価値観の転換をはからなければならないと言う時に決まって出てくるが、具体的には何のことかよくわからないと言う人が多い。

一人ひとりの生き方なり企業活動までいろいろありすぎて枚挙にいとまがない。

ゴミはポイ捨てしない、タバコは吸わないは、個人レベルの問題である。煙突型産業は煙をなるべく出さないようにすることである。スポーツでも、イギリスの伝統的なキツネ狩りは動物愛護（animal welfare）ないし動物の権利（animal right）の観点から批判の的になっている。第一次産業でも、熱帯林の伐採や捕鯨は世界の環境団体の標的にされている。

ピンからキリまであるが、要は次の二つに集約されるのではないかと考えている。

一つは、余計なものは作らず、使わないこと、二つには、物の移動はなるべく少なくするということである。

余計なものは作らず使わず

『農的小日本主義の勧め』の本の中から引用する。

「メーカーは、やれ製品の差別化だ、情報化だと言っては必死で不必要な需要を掘り起こさんとし、ますます空虚な犯罪的商品を作り出している。一億アイディア商品とやらで、ムダな財がそしてサービスが生まれている」

「日本中が不要な物に溢《あふ》れ、食い倒れ、着倒れ、電気製品倒れ、教育倒れ、レジャー倒れになるのがおちであろう」

要するに「余計なものは生産しない、使わない」が、環境にやさしい生き方だということである。

この不況の嵐が吹き荒れる時に余計なものを作るなとか不必要なものを使うなと言うと、産業界に身をおく人たちは聞く耳を持たないかもしれない。しかし、環境にやさしい生き方の基本は、これに尽きると思われる。

世の中には、環境問題を心底から真剣に考え、実践している人が大勢いる。たとえば、どこの家庭にもある冷蔵庫を使わない人たちのグループがあるという。五〇年前と異なり、冷蔵庫はいまや必需品と考えられているが、ほぼ全世帯で使われるようになってからまだ半世紀もたっていない。それまではなくてすんでいたのであり、それを考えれば使わなくとも何のことはない。

何が必需品で何がそうでないかはそれぞれの人の価値観にもよるが、家電製品でもう一つ、クーラーを考えてみよう。

いま、行政改革により、省庁再編も行われているが、ひと昔前の第二臨調の頃、会長である土光敏夫経団連会長をマスコミがこぞって持ち上げた。最も人口に膾炙《かいしゃ》したのは、めざしが夕食のおかずということであった。つまり、ベストセラー『清貧の思想』（中野孝次著）ではないが、行政改革を行うにふさわしい清貧な生活だというのだ。続けて礼賛して曰《いわ》く、真夏にクーラーもない家に住んでいる。私は、これを笑ってしまったが、当時そういう冷やかしはまったくなかった。つまり、土光会長が再建した東芝こそクーラーの大メーカーだったからだ。自ら作っておいて使わないという大矛盾である。自分でも使わないものを作らせて売り込むことのおかしさに気づかないのである。

私はエコロジストの端くれとして、長らくクーラーは使わず、東京でも真夏は蚊帳を吊って窓を開け放しにして寝ていたが、マンションの構造がそれを許さず、数年前から断念した。

食品や飲み物の類でいえば、酒など見たくもないという人もいるが、大半の人にとっては人生になくてはならないものになっている。一口に酒といっても好きなものはさまざまであろうが、私にものどが乾いたときのビールは必需品である。

ところが、そのビールもひと頃商品差別化とやらで容器がやたらふえ、やれ中の温度がわかるもの、注ぐときに音を出すものとかの際物《きわもの》から長さ太さの異なるアルミ缶と、合計三〇〇種類に達したという。中身は大して変わらないのに、外だけ変えても意味はあるまい。明らかに資源のムダづかいであろう。昔は、大手五社があのビールビンも統一し、互換性を持たせ、完全にリサイクルしていたのである。それをきらびやかに印刷した缶ビールが主流となり、季節限定ビールだ、地域限定ビールだと銘打って販売合戦をしている。消費者からみればおよそ必要のないものである。

最近の悪い例でいうと、「たまごっち」である。売り上げがなんと四〇〇〇億円、わが国の沿岸漁業の総水揚げ高より多い。「たまごっち」に払うお金が、日本の食卓に欠かせない魚をとっている漁民に支払うお金を超えること自体が何か狂っている気がしてならない。もっと信じられないのはパチンコの売上げが、三〇兆円で、農業の粗生産額の三倍稼いでいると経済学者は言う。私は、どうして、そういう比較をするのか疑問に思う。「稼ぎ」の中身、質がまったく違う。「たまごっち」は世界中で売れたが、そのメーカーであるバンダイはいま、左前になっているというが、当然の報いのような気もする。

バブル崩壊期を生き残った健全な企業は何かというと、本業以外には手を出さなかった企業である。バブルの時にも、土地などに手を出さなかった企業である。私は、不要な商品を作った企業がすべていけないなどと言っているのではない。分相応をわきまえて生産すべきだと言っているのである。いらないものを次々作って、やれ買えそれ買えと宣伝する。新聞の織り込み広告がどさっと来る。ダイレクトメールは来る、訪問販売、電話によるいかがわしい勧誘がひっきりなしに押し寄せてくる。広告が多く押し売りまがいが横行する国は、世界中どこにもない。すべて余計なものを作りすぎていることからくるいびつな現象である。

人は、「物が無い、並んでしか物が買えない、注文しておかないと物が来ない」と消費財不足の国をバカにする。しかし、本当に必要なものだけを待って買う国のほうが健全な社会とも考えられるのではなかろうか。

問題の農業は、人間が生きていく上で必要不可欠な食料を生産しているのだから、この点では他産業より安心である。しかし、よくよく考えてみると、これまた壮大なムダがはびこっている。贅沢品をあげればキリがないのでやめておくが、甘くておいしい巨峰はいいとして、たとえば真冬の巨峰は誰が考えても必需品とはいえまい。それを雪深い北信濃に温室を建て加温して年に二回巨峰を収穫し、一〇〇〇万円を超える所得を上げている農家があり、優良農家といわれている。これもどこか狂っているとしか言いようがない。

農家も、お金儲《もう》けのために少しでも買ってもらえそうなものがあれば作るだろう。利潤を上げなければならない者の性として仕方があるまい。しかし、消費者としてはそこのところを厳しく見分けて、本当に必要なもの以外は買わずにすますことが、地球環境の保全に資する最も簡単で確実な方法である。そうすれば、ムダな生産もおのずとなくなっていく。

あまりに当然のことなので、論述するつもりもないが、ダイオキシンなど害のあるものは処理をどうするかなどと言う前に、作らせないのが最善である。オゾン層を破壊するフロンガスの製造・使用が禁止されたのと同じである。

物の移動はなるべく少なく

二つ目は、「物の移動はなるべく少なく」ということである。少しでも安ければ外国から輸入したほうがよいとする自由貿易とは真っ向から対立する考え方である。何でもなるべく近くで、つまり自国で作るほうがよいということであり、前述の石油の消費地精製主義もある意味ではその一つである。

世界全体の効率からいうと、鉱物資源が掘り出されるところで製品を生産するほうが絶対にいいのである。たとえば、鉄鋼生産をみてみる。日本は鉄鉱石も石炭もオーストラリアから輸入し、日本の製鉄所の岸壁に横づけでおろし、そこで鉄鋼を生産し、外国に輸出している。仮に、日本が第二次世界大戦で勝利してオーストラリアも日本国になったと仮定する。すると、鉄はどこで生産されることになるか。輸送コストを考えたら、当然、オーストラリアで鉄鋼を生産してそれを日本に運んで、自動車や機械を生産したほうが安上がりである。

自由貿易の恩恵に最も浴してきたのはほかならぬ日本であり、自由貿易を守るために日本こそ真剣にならなければならない、と前回のウルグアイ・ラウンドではよく言われていた。しかし、物の貿易には移動がつきものであり、移動には必ず輸送が必要であり、化石燃料を大量に使わざるをえない。輸送に伴う排気ガスの発生は地球環境にも悪影響を与え、人間の健康をも害す。どこの大都市も自動車の排気ガスの発生は大問題となり、どこの国も自動車の排気ガスによる汚染に悩まされているのが好例である。

拡大ＥＵでは、域内で農業の分業化、適地適産が始まり、寒冷なドイツには温暖な地中海諸国で生産された野菜や果実が大量に輸送されはじめた。ところが、そういう輸送により生ずる排気ガスが途中のスイスやオーストリアの山間地の森林に重大な被害を与えたことから、両国政府は、自国内の輸送は鉄道にせよと要求しだし、波紋を投げかけた。

もし地球にやさしい生き方を求めるとしたら、物の移動はなるべく最小限に抑えるべきである。物の貿易量はなるべく少なくして、各国各地がなるべく自給、すなわち必要なものは近くで生産するにこしたことはないということである。つまり、自由貿易の否定につながる論理である。

第一の手法、余計なものを作らず使わずと比べると、第二の手法は簡単で、たとえば石油の価格が高騰していまの五倍にでもなれば一挙に実現する。そうなると輸送コストが高くつき、採算が合わなくなるからだ。逆からいえば、いまは輸送コストが安すぎるために大量輸送が行われ、環境を悪化させているということになる。

この実例を示そう。一九八〇年代のオイルショックの折、さすがのアメリカでもガソリンの価格が急騰した。このため、テキサスや中西部からトラック輸送されていた牛乳が採算がとれなくなり、東部の農業地帯で酪農が復活した。日本の自動車でも欧米に現地工場ができ、そこで生産しはじめたのはこの延長線上にある。つまり、最終消費地の近くで最終製品を生産するのが、経済的にみても最も合理的なのだ。

日本が八億トンも輸入している輸入大国というのは、前述（本章の「どうなる二一世紀の人口・環境・食料」）のとおりである。それに輸送距離をかけて、「重量×輸送距離」で比べたら、合計は日本が飛び抜けて多くなるはずである。なぜなら、世界一の経済大国アメリカは、輸入量も輸出量もともに三億トン前後で、アメリカの最大の貿易相手国は境界を接するカナダだからだ。それに対し、日本は世界中から原材料を輸入し、世界中に製品を輸出している。つまり、アメリカは日本ほどに輸送で空気や海洋を汚染していないことになる。日本の産業構造はつくづく資源浪費型、環境汚染型になっていることがわかる。

次に農業に視点を合わせてみよう。

前述のとおり、日本は世界一の農産物輸入国である。他の先進国は、付加価値の高い加工食品の輸入が多いが、日本はかさばって重い飼料穀物、小麦、大豆といったものを多く輸入しており、それだけ輸送による汚染度合いが高いことになる。

しかし、農産物貿易はなにも輸送だけが環境を破壊しているのではない。偏った農業生産自体が環境に重要な影響を及ぼしているのだ。

アメリカではひたすら安く穀物を生産するため、大型機械がうなりをあげて農地を走り回り、地下水を大量に汲《く》み上げ、通常なら農業生産などできない限界地まで農地を拡大し、肥料、農薬、除草剤などを多投している。当然、土壌や地下水は汚染され、地下水は枯渇し、土壌流出が進行する。生産物は日本に輸出され、日本の競合する作物を次々と席巻し、日本の農地には作るものがなくなり、荒れるに任されることになる。アメリカのほうが安い農作物が作れるというだけで貿易が行われ、輸出国アメリカの環境も輸入国日本の環境も破壊しているのである。アメリカで耕作適地のみを耕し、日本にそれほど輸出しなければ、輸送による汚染も少なくてすみ、日本の水田も生き残り、棚田の景観も維持できることになる。

この問題を最もよく理解できるのは、序章で述べたフード・マイレージ(Food Mileage)である。

アメリカは広い。そのためほとんどの主要食料を自給しているにもかかわらず、食卓にのぼる食料は平均一五〇〇マイル（約二〇〇〇キロメートル）先から輸送されてきていると計算されている。日本には残念ながら同様の数字はないが、カロリー自給率が四〇%となっており、アメリカの比ではあるまい。つまり、われわれの食卓は、とんでもなく遠くから膨大な輸送による汚染をまき散らして運ばれてきたものばかりで飾られているのだ。

持続可能な社会をめざして

リサイクル資源大国と生命科学

私の言いたいことは、「日本はリサイクル資源が豊富にある。水、土、森、海、太陽光これらを生かして循環型社会を構築していったらいい」ということである。

前に、江戸時代と今日とを比較したが、日本は単位面積当たりの生産量・単収が多いのである。阿蘇山のふもとの牧草地一ヘクタールで生産する草と同じ量をスコットランドで生産しようとすると一五倍の一五ヘクタールの土地が必要になる。

世界の人口稠密《ちゅうみつ》地帯は、島か半島か海岸地帯のいずれかで、降雨量の多い所である。内陸は広い土地があっても降雨が少なく、多くの人が生きていけない。それに対し日本は年間一八〇〇ミリの降雨がある。国土の森林率は六六%である。「日本は瑞穂《みずほ》の国」と教えた戦前の教科書は正しいことになる。

私が教わった教科書ではすでに「これといった資源に恵まれないことから日本は加工貿

易でしか生きていけない」と教えていた。そして四大工業地帯の名やコンビナートを丸暗記させられた。加工貿易を小学生の時から教え込み、国民をマインドコントロールし、産業立国をめざしている。他にこんな国はない。

近年のバイオテクノロジー技術のめざましい伸展にみられるように、最近の生命科学、生物学の進歩は目を見張るべきものがある。一九世紀は化学、二〇世紀は物理の時代だったとすれば、二一世紀は明らかに生命科学の時代である。日本の豊富な天然、リサイクル資源、生物資源と生命科学の融合がはかられる時代でもある。

身土不二・地産地消で

地球を汚さず、健康に生きるためには昔からの言い伝えどおり、四里四方でできたものを食するのが最も理に適っている。前述の地球にやさしい生き方の具体的な方法、物の移動はなるべく少なくすることが、食生活で求められるのだ。

自給率を論ずるときにいつも問題になるのは分母、すなわちどういう食生活をもとに自給を論ずるかである。日本ほど風土と隔絶した食生活をしている国はなく、やはり、この点から直さないことには、食も農も論ぜられない。

ところが、日本人の食生活が乱れているので、日本型食生活をというと、農林水産省がやることに事欠いて国民の食生活も規制しはじめたと批判される。ところが、この批判はとんでもない言いがかりである。

タバコが体に害があることがわかってきた時点で、欧米各国はさっそくその旨を公表し、タバコの箱にも吸い過ぎに注意しましょうとか表示しはじめた。その後、文言も健康によくないとか徐々に厳しくなり、禁煙がどこでも定着していった。公共的な性格の強いテレビのコマーシャルからもタバコは締め出されていった。国民の健康・安全を守るのが国の大切な役割であり、きわめて当然のことであろう。

健康を損ねる間違った食生活から正しい食生活への誘導は、まさにタバコの害から国民の健康を守る行為となんら変わるところがない。

だからこそ、アメリカは一九七〇年代に食生活指標（マクガバン報告とも呼ばれる）を出し、脂肪の摂《と》り過ぎをたしなめ、ＰＦＣバランス（たん白質・脂質・炭水化物の三大栄養素の摂取熱量のバランス）のとれた食生活への転換を勧めた。その結果はすぐ表れ、牛肉の国民一人当たり消費量が年間五〇キログラムから三五キログラムに減少し、「小さく産んで小さく育てる」といった標語まで生まれている。アメリカ人の三分の一が太り過ぎの危機に達し、ようやく転換したのである。

ところが、いまや、三〇歳以下の若者のコレステロール値は日本人のほうが高くなっているといわれる。野放図に放ったらかしの国と、意を決して成人病（心臓病、高血圧、高脂血症、糖尿病）から国民を救おうとしている国の違いである。アメリカでは肥満による緩慢な動きにより、産業競争力も弱めているとまで議論されているのだ。

日本では、「医食同源」とか「食源病」とか言われるようになったが、なるべく地場のものを食べるところまで気が回らないでいる。ちょっと気にする人は何かと産直に結びつき、宅配便の車が所狭しと動き回っている。これでは、まさに輸送による汚れが拡大するばかりである。

真夏、ほとんどの所では葉物の野菜はできない。長野県の高原野菜地帯では涼しい気候で、レタスもキャベツも生産される。そして、これが全国各地、たとえば鹿児島などへもトラック輸送される。膨大なエネルギーのムダである。鹿児島や九州にだって高い山はある。少なくともなるべく近くで生産する努力をすべきであろう。こんなことをしていたら、そのレタスが近隣の外国から輸入されても何も言えまい。野菜ぐらいは、特定の産地に特化することなく、地域自給を心がけるべきである。収穫期は違っても、基本的にどこでもできるからである。

たとえば福岡県の万能ねぎとやらが関東地域に空輸されてくる。これが立派な農業の例にされているが、私にはなんとも腑《ふ》に落ちない。ネギなど日本中どこでもできるものを、わざわざ空輸してまで、特産物を食べる必要があるまい。輸送し、時間がたてば新鮮さを失う。外国からとなるとポストハーベスト農薬も必要となる時もある。安全を考えても基本的食料や貯蔵のきかない食料は近くで生産されたものに限る。したがって、福岡では東京に空輸するネギではなく、二つの百万都市を含む九州で必要な野菜の供給を優先すべきということになる。

旬産旬消

となると、次の段階は作る時期、食べる時の問題である。

最も単純に言えば、真冬のトマトや真夏のレタスはあきらめ、その季節に穫れる旬のものだけを食べるということである。魚にしても同じで、冷凍物より生鮮物がよいに決まっている。いつでもどんなものでも食卓に並んで当然だという考えは、少なくとも捨てるべきである。これは「旬産旬消」とでもいえよう。

この線に沿っていくと、おのずと日本型食生活と近づくことになる。そして、アメリカの飼料穀物を輸入して、それを農家が肉に加工する肥育牛や養豚はあまりいただけないことになる。かくして、世の環境保護論者は、穀物を直接食べたほうが健康によく地球を汚さないのだということになり、いつの間にか菜食主義者になっていく。

地産地消を考えた場合、圧倒的有利なのが都市近郊農業である。すぐ近くに消費者がいるからである。その代わり、どのように栽培されているかすぐわかってしまい、偽物の有機農産物などはとても作れない厳しさもある。

産直はもともと、都市近郊の有機農家と安全性に目覚めた消費者の産消提携から始まった。最も理想的なのは、何をいくらで買うというのではなく、年間契約でできたものを届けてもらうというものであろう。年によっては出来不出来もあり、毎週ホウレンソウのこともある。しかし、すべての野菜を産消提携に頼れるはずもなく、他のものは別途購入すればよい。

こうした個人的連携が発生して、近隣の農協と生協の連携に発展していくのもまた、一つの理想型である。宅配便もいらず、輸送コストも安く、品数もどっととふえることになる。食べ物を通じネットワークができ、地域社会の連帯感の醸成、災害の時の助け合いや環境の維持にも直結していくことになる。

遺伝子は記憶する

日本人は、脂肪の多い「霜降りの肉」が大好きである。脂肪は人間の舌にはおいしく感じる。マグロのトロもそうだ。こくのある牛乳も脂肪率が高いのがうまい。

人間のこの感覚というものは、一〇万年前から変わっていない。ところが脂肪は、一〇万年前はめったに手に入らない貴重な栄養源だったが、残念ながらいまは毎日食べられる環境にある。

肥育牛を見ると哀れである。完全に糖尿病にかかっており、眼が緑色になり、見えなくなっているのだ。本来、牛は草を食べるのに、輸入した穀物を食べさせているので胃の中は荒れ放題で、内臓の四〇％は食べられなくなっているという。こんな肉を食べ続けていると、健康を害するようになり、あと一万年もたつと、脂肪はまずいと感じるようになるかもしれない。

われわれがおいしいと思うものは、体にいいものである。一〇万年も前、砂糖や脂肪分などめったに口に入らなかった。だからうまいとかぎわける能力を持つようになった。酒飲みはだいたい、そばが好きである。最近わかってきたのだが、そばにはルチンが入っている。これが高血圧をなくすはたらきをする。だから、体が欲するのである。

私は牛乳を飲むとすぐ下痢をする。朝、冷たい牛乳を飲むと三〇分ともたない。日本人の大半がそうである。哺乳類《ほにゅうるい》はもともと幼児期だけ乳を飲むが、大人になると乳を消化する酵素・ラクターゼがなくなるのである。

人間は、他の動物の乳を採ってきて飲む。こんな不謹慎な動物は人間だけである。なぜ、そうなったかというと、ヨーロッパの人種の中に突然変異が生じ、牛乳からカルシウムを摂《と》れたため、彼らがより多く生き残れたからである。人間には生き残るための適応能力が備わっているから、ゴビ砂漠やサハラ砂漠などで生きている人たちも、馬などの乳から栄養を摂る消化酵素を持つようになった。

ところが、いまの子どもは小さい時から間断なく牛乳を毎日飲み続けるので、体のほうがまだ子どものままと勘違いして大人になってもラクターゼを持ち続け、牛乳を消化できるようになる。かくして一世代で順応する。冗談であるが、だから最近のいい齢をした若者に子供っぽいのが多いのかもしれない。

アルコールは、もともと人間にはいらないものである。

一般的に北の民族はアルコールに強く、南の民族はアルコールに弱い。なぜかということを研究した人がいる。この研究成果が事実だとしたら、ノーベル賞に値するそうであるが、結論は、食生活にあると彼は言う。

お酒を飲んで顔が赤くなる人は日本人の平均では五一%で、四九%の人は赤くならない。西欧人は、ほとんどの人が赤くならず、南方の人はほとんどが赤くなる。

これは食生活に原因がある。北欧など北方では、年間を通して自然界から食べ物を採取できないから、冬期間のために食料を保存することになる。長期間、保存すると、アルコール発酵する。発酵したものを口にするため、自然とアルコールに強くなる。つまり、日頃の食生活によりアルコールに強い民族と弱い民族ができてくるということである。日本人のルーツがどこかという議論があるが、赤くなる人は南方系、ならない人は北方系ということになる。

ちなみに、典型的な北の民族、イヌイット（エスキモー）は、前にも述べたように、発酵したものは一切食べない。したがって、アルコールにはまったく弱い。寒い天然の冷蔵庫に住んでいるから、発酵したものは食べたことがない。何万年にもわたりアルコールなど摂取したことがないから、耐性がないのである。

グリーンランドには、イヌイットに缶ビールを一缶ならいいが、二缶は売るな、売ると罰するという法律がある。なぜかというと、二缶飲むと全員眠ってしまい、眠ると凍死してしまうので、それを防止する必要があるからだ。

イヌイットは、アザラシなどの肉しか食べない。その肉から、生きのびるために必要なすべての栄養を摂るのである。日本の栄養学の先生が、健康を維持するため一日に三〇種類の食べ物を摂るようにと言っている。最近の食べ物はインチキ食品が多いから、栄養もなく三〇種類でも足りないかもしれないが、イヌイットからすると信じられないことである。イヌイットは、野菜などほとんど食べない。

しかし、日本人が同じ食生活をしたらすぐ病気になる。祖先も日頃から慣れ親しんでいたものを食べるのが体にいいのである。これは、極端な例だが、とにかく、われわれは、その土地でできたものを食べたほうが体にいいのだ。

前にも述べたが、羽田《はた》元首相が農林水産大臣だった時にアメリカに行って、

「日本人は腸が長く野菜を食べるような体になっている。肉はそんなに食べないのだ」

と発言して、人種差別だと非難され、アメリカのマスコミにバカにされた。しかし、この発言は医学的な事実である。われわれの体は肉食向きにできていない。肉を食べすぎるものだから、いま、大腸ガンが猛烈にふえている。長生きしたかったら肉を食べずに野菜と魚を食べていればいい、ということである。

昔から食べているものを食していれば安全なのである。「その土地でできるものを食べる」——このことをいちばん忘れているのが、日本人である。

世界で年間、水揚げされ貿易される水産物のうち、金額ベースでじつに三二%を、世界人口の二%しか占めない日本人が輸入し消費している。驚くべきことである。これほど風土と隔絶した食生活に堕している国はない。よくないと思う。もう少したつと日本も貿易赤字となり、そんなに買えなくなる日が来るかもしれない。

二〇年遷宮にみる循環の知恵

日本の伊勢神宮の二〇年遷宮《せんぐう》を含む仕組みなどは、跡地をまったく元の自然に還すというものであり、まさに日本的なのではないかという気がする。それに対し、やみくもに建てては壊して、最後は東京湾を埋めればいいというようなやり方は、明らかに一時しのぎの破滅的やり方である。

私は、欧州で三年間、仕事をした。パリの凱旋門《がいせんもん》から二〇〇メートルの所に日本大使館があり、その同じ建物にＯＥＣＤ（経済協力開発機構）代表部があった。前にも述べたように、スペースが手狭になったため独立することになったが、近くがいいと、二つ隣の建物に移転することになった。手間がかかった工事の後に移ってみると、なんと、表通りはまったく同じ景観を保つため、表に面した建物の外壁は一切変えずに内側のみを近代的なビルに改修していたのだ。

シャンゼリゼ通りやセーヌ川沿いも同じで、三〇〇年保ってきた景観は、一切変えないために強く規制している。

日本は、経済立て直しだの、やれ規制緩和だなどと騒いでいるが、こと環境や景観の保全などに関しては、全面的な規制以外に方法がない。

フランスに住んでみて、日本は恥ずかしい国だとつくづく思った。ドゴール空港からパリに向かう辺りにはどうも広告規制がかかっていないらしい。そういうところを走ると、前にも述べたように、日本からの企業の広告が目白押しで、派手な広告を出し宣伝を競い合っている。じつに、見苦しい限りである。

フランスの地方の村に行くと、たとえば三階建て以上は建てさせないというルールを敷いている。その村にも、全国チェーンのホテルやスーパーがあるが、建物の壁材も、その村、その地域の資源を活用するというルールに従い、すべて同じ色に統一して使われ、美しい景観を保つのに協力している。

また、どのような地方に行っても、電線類を地中化せんとしている。お金をかけて、こんな田舎で地中化することもないではないかと、つい思ってしまうが、彼らには、それが、その土地、その地域における自分たちが誇りを持てる村づくりの第一歩のようである。彼らにとって電線は村の景観上目障りなのである。

要するに、生活の便利さと望ましい景観との接点をどうするか、どちらをどこまで重視し、バランスをとるかにかかっている。そして、こうと決めて実行するとなると、徹底的に工夫する。

考えてみれば、日本も昔は同じような美しい街並みや農村景観が当たり前だったはずだ。

それが最近狂ってきただけのことである。

景観を無視して建てられた高層ホテルが問題となったいわゆる京都ホテル論争など、およそ先進国においてはありえないことである。

「その土地にあるものを生かす」という哲学は、都市建設に使う建材の選択にも、端的に表れている。欧州は岩盤の大陸の上に広がっている。街のビル・建物は、石を使って建設する。建物はその土地の石を切り出して建設する。食べ物における「地産地消」と同じである。

そうなると日本では木を使うべきだということになろう。そして建物をもう使えないというまで使い切って、そのあとはもとの環境に戻す。伊勢神宮の二〇年ごとの建て替えのやり方である。

私の通った高校では、校舎の暖房は校有林で自ら作った薪《まき》だった。薪は、燃えたあとほんの少しの灰しか残らない。まさに循環そのものでありエネルギーも地産地消だったのだ。ところが、いまや日本の有数の果物地帯であり、剪定《せんてい》した木がいくらでもあるのに、それを畑で燃やしてしまっている所も多い。風呂をたくぐらいには十分使えるはずである。エネルギーも自給とまではいわなくても、そこにある資源ぐらいは使うという心掛けが必要である。

また景観の話に戻るが、欧州では、街の通り沿いの建物が、通りを歩く街の人に圧迫感を与えないように、ビルを建てる。すなわち、通りの幅の広さに比例して、沿道の建物の高さを決めている。したがって、街のどの通りを歩いても、ユトリロの絵画手法の遠近法に忠実に沿った、左右対照で建物の高さがそろったきれいな絵のような街ができあがるのである。

また、パリのペリフェリックという環状線の道路の内側には、一戸建ての家が一つもない。そのため世田谷区と同じ広さの中に三〇〇万人もが住んでいる。

日本はどうかというと、バラバラで遠近法がまったくはたらかない景観の都市になっている。山の手線の内側にも、一戸建ての家がざらにある。また、東京都二三区内の建物の平均階数は二〜三階である。山の手線の内側の半分に一〇階建ての建物を建てると、何百万人も人が住めるそうである。

もっとも、この差は、都市の成り立ちの違いによるものと思われる。欧州の街は、城壁都市から発達した歴史を持っているから、城壁の外には住まない、内側に住むというルールの上に成立している。無防備な農村から発達した日本とは歴史が違う。したがって、パリでは諸々の規制がかかっていても当然と思われている。だから、ペリフェリックの中はほとんど建物の高さが規制され、決められている。

そして、日本と最も異なるのは農地の保全で、パリから五〜一〇分も車で走ると、緑の田園が広がっている。日本のような虫喰《むしく》い状態の乱開発など一切ない。農村や農家を大切に扱い、守っているのだ。

農（山漁）村に人が住む

若者は都会に憧れる。しかし、年老いてくると誰しも、自然の中で暮らしたいと思うようになる。

この数年来、定年帰農や田舎暮らしに関する本が静かなブームとなっている。冷たい都会に対し、高齢者が不安を抱き、安住の地を農村社会に求めたものだ。農村に住みたがる人たちが急激にふえている証左である。もっと言えば、もともと自然志向の強い日本人が、食うために、生きるために仕方なしに都会に出てきたものの、いまやっと本性が出て動き出したのかもしれない。つまり、とっくの昔から潜在的田舎暮らし志向があり、いま顕在化しつつあるということだ。そしてこの動きが過密と超過疎の解消につながっていくことになる。私は少なくともそうなってほしいと願っている。

農村なり田舎に移り住む人たちの動機も経緯もさまざまである。

一つは、Uターン、すなわち故郷に向かう人たちであり、これには説明を要しない。東北の農村地帯の出稼ぎと反対に、妻子を故郷に帰し、自分一人が単身で都会に残り、「金帰月来」する人たちが徐々にふえだした。条件に恵まれた新幹線の沿線の人たちにこの類が多い。たとえば、東北新幹線の金曜日の夜と月曜日の早朝は、こうした人たちで満員だという。

次がIターン、すなわち、まったく関係のない地方に住みつく人たちである。農林水産省という職場柄、こうした健気《けなげ》で大胆な人たちがごく身近に多い。二、三紹介しよう。

一人は、入省して、三年目、九州の某県の農業改良普及員として出向中に知り合った山形県の農家の跡取りの娘と結婚し、婿入りしてしまった。本人は東京生まれの東大卒のエリートであり、農業の経験などなかった。いまや有機米と花づくりで地域でも重鎮になりつつある。

もう一人は、やはり入省三年目の市町村との人事交流で北海道に二年間勤務し、その数年後その時とは違う町役場の職員となってしまった。

二人とも元気一杯であり、霞ヶ関のかつての同僚よりもはつらつとしている。三〇年前、四〇年前には考えられなかった動きである。

Eメールで原稿を送ればすむような職業の人にも田舎暮らしがかなりふえている。作家丸山健二、作曲家喜多郎、女優浜美枝、エコロジストのニコル等の各氏が思いつく。このような人たちが好むのは、農業生産の中心となっている平地農村ではなく、超過疎に悩む中山間地域山村である。インターネットでつながり在宅勤務とかが可能になれば、これがもっともっと加速されるかもしれない。

そこには暗いしがらみだらけの農村というイメージはない。自然や農業、農村の積極的意義を見いだして飛び込んでいく人たちもふえた。農業でみても、一九九八年新規就農青年数（三九歳以下）は一九八七年以来の一万人の大台を回復し、新規就農ガイドセンターや就農準備校への相談者数の増加傾向は依然として続いている。新規参入者数も最近一年間で四五〇人に達している。小さな流れであるが、これがいつか大きな流れとなる可能性を秘めている。農村に、農家もＵターンした人も住み、仲良く暮らしていけることがいちばん望ましい。つまり、多様性に富んだ柔らかい構造を持った社会であり、どんなことにも動じない強固な社会である。

そして、移住までは思いつかないまでも田舎に興味を示しはじめた人がグリーン・ツーリズムに乗り出しつつある。田舎暮らしの予備軍ともいうべき田舎体験者である。この主たる対象も幸いなことに農業生産には条件の悪い山村等である。農村サイドの受け入れ体制さえ整えばゆっくり行きたいと答える人も多い。社会が成熟化していくのにしたがい、この傾向が強くなる。農家民宿（仏・独等）、Ｂ＆Ｂ（朝食つき民宿・英）があるヨーロッパ諸国では、滞在型のグリーン・ツーリズムが国民の間にすっかり定着している。そして、非農家の人のこの間の見聞なり接触により農業・農村への理解が深まることになる。

もちろん、未整備な長期休暇制度、旅行に出たときぐらいフルサービスを願う主婦、地方に欠ける家族向けの食堂、全国的情報網の欠如等の問題はあるが、もともと自然志向の強い日本人である。いつしか農村側も都市側も歩みより、日本型のグリーン・ツーリズムが定着していくかもしれない。

人生五〇年時代からいまや八〇年時代となり、人生を三つの時期（子ども時代、仕事時代、定年退職後）に分けて人生設計をすべきだという人もいる。最初と最後の二つの時期に適した地域が農村地域社会だとしたら、移動するのは面倒だから仕事時代も住んでしまおうという人がふえる可能性もある。

大半の人が定住意識を持つ農村社会はやはり健全である。隣近所のうるさい干渉もあり、それを嫌う人も多い。しかし、お葬式が家族のみという没交渉の社会ではない。白骨死体化して発見されるよりは、「あのくそじじい、とうとうくたばったか、せいせいした」と思われても、そうしたつきあいのできる人たちに囲まれて老後を送ったほうが幸せなのではなかろうか。ケンカ相手の老人も線香の一つぐらいはあげに来てくれるはずである。

もう一つ、小・中学校の校区の自由化も農村地域社会はまったく反対の反応を示す。つまり、校区の変更は一大事であり、大議論になり、なかなか実現しない。小学校、中学校が同一というのが後々の交友の元になっているからだ。地域で何をするにしても、小学校の区域が同一というのがまとまりの基本となっている。これをベースにして、「small community」（小さな地域社会）ができ上がり、人格形成が行われる社会基盤ができ上がる。

昔は放っておいてもどこにでもこうした社会があり、有為な人材を育成していたが、いまや都会ではこうした社会形成は不可能に近い。せめて農村地域社会くらいは、子どもも老人も安心して住める社会として残し、その維持のために尽力すべきである。

merce is a two-way street. Japan should export enough goods and services to pay for what it imports. A country that acquires a disproportionate share of the world's financial assets through aggressive trade practices and then beggars its neighbors by buying up their companies and real estate is asking for trouble.

Japan must change its ways; the rest of the world will no longer tolerate such egotistical behavior. We must reassess our priorities and act while we are at the pinnacle of our economic prowess.

Instead of conquering new markets abroad and expanding gross national product, we should tap our human, institutional and agrarian resources to boost "net national satisfaction." That means downscaling our superpower ambitions and becoming a self-sustaining, middle-ranking power dedicated to saving the environment and improving the quality of life.

The greening of Japan entails the use of ecology-friendly technologies, the recycling of industrial waste and the conservation of non-renewable resources. We should also use our technological expertise to help the Third World achieve balanced , ecologically sound development.

We cannot afford to wait until a crisis forces us to abandon our profligate, growth-oriented lifestyle. Japan must opt for a new national economic order now. Only bold action can avert calamity and earn us the respect of the rest of the world.

* * * * * * *

Credits:

Translated from the Japanese newspaper Tokyo Shimbun by The Asia Foundation's Translation Service Center . Tear sheets requested.

market and purchase more foreign goods. But the notion that Japan should be the engine of the world economy is antiquated. The environment has reached the breaking point; further industrial expansion threatens the global ecology.

As we search for an alternative future, we need to recall our own history. Japan's past is marked by long cycles of seclusion and indigenization punctuated by short periods of intense learning from other cultures.

During the 8th and early 9th centuries, for example, Japan borrowed heavily from China. From the mid-19th century, the West became our model. But most of the time, we were cut off from other countries.

The first period of foreign intercourse ended in 894 when Japan stopped sending diplomatic and cultural embassies to China. Commerce with foreign lands revived and flourished briefly during the 16th century as powerful warlords reunited the country. But from the early 17th century, Japan entered another period of seclusion that lasted 250 years.

After a century of breakneck industrial growth, Japan has caught up with and in some areas even surpassed the West. Some argue that the wheel has come full circle and that it's time to build again on the peculiarly Japanese institutions and practices we have evolved over the centuries.

Many here are rediscovering the virtues of Japanese-style management, family life, child-rearing and diet. Creating a distinctively Japanese civilization, one that combines the best features of traditional society with modern life, could occupy our energies for centuries.

I am not suggesting we return to the isolationist policies of the past. On the contrary, high technology will be indispensable for national survival. To stay abreast of future advances, we will have to intensify scientific and cultural exchanges with other countries and improve cross-cultural communication.

Nor do I intend to downplay the necessity of trade. Com-

settlement in the United States.

Of course, we have tried to redress the trade imbalance. Tokyo has simplified customs clearance procedures and pledged to buy more foreign products through official procurement and to liberalize agricultural imports such as beef and oranges.

In 1985, Japan agreed to strengthen the yen vis-a-vis the dollar, letting its currency nearly double in value over the following five years. We also launched a program to restructure the economy and put internal demand, not exports, in the driver's seat. According to classical economic theory, this should have led to an influx of relatively cheaper U.S. imports into the Japanese market, but that did not happen.

Despite a government-sponsored media blitz urging consumers here to buy American, our trade glut has not shrunk appreciably. Instead, our balance of trade with Southeast Asia and the United States is even more skewed.

Something is wrong with a free-trade system that disporportionately penalizes a country like the United States, which is suffering from deindustrialization and loss of competitiveness.

Every nation should be able to produce most of the goods and services it consumes.

The United States, for instance, ought to manufacture more textiles and consumer electronics instead of relying on imports from Southeast Asia and Japan. Although such a policy might entail higher prices, it would reduce unemployment and cut the U.S. trade deficit.

Meanwhile, Japan should find a way to maximize its human and other resources to meet real domestic needs instead of launching export drives and striving to expand market share.

We possess the technological expertise, financial clout and managerial skills to create a more self-reliant economy and society.

The business community and the government equate the buzzword "internationalization" with action programs to open the

lished the Anglo-Japanese Alliance. Three years later, President Theodore Roosevelt helped Japan negotiate the Treaty of Portsmouth, which concluded the Russo-Japanese War (1904-5).

But Japanese and Western interests soon clashed as Japan began to compete for colonies in Asia. In the 1930s, the Imperial Army invaded China, setting the stage for the Pacific War. After the defeat, Japan renounced militarism and single-mindedly pursued economic growth. We forged a new friendship with the United States.

As the Cold War intensified, the two superpowers diverted more and more of their national wealth to the arms race. Relieved of maintaining a costly, inefficient military-industrial complex, Japan concentrated on civilian production and succeeded brilliantly.

By the early 1980s, we had become the world's first non-military industrial colossus. Our export-oriented economy flooded world markets with high-quality, relatively cheap products.

But success also created huge current-account surpluses, arousing the ire of our major trading partners. Between 1986 and 1989, Japan registered annual surpluses of $90 billion, earning us the sobriquet of economic outlaw.

In 1989, we were cited as an unfair trader liable to presidential sanctions under Super 301 of the U.S. Omnibus Trade Act. So far, the Structural Impediments Initiative, a bilateral effort launched last year to negotiate the dismantling of non-tariff barriers, has forestalled retaliatory action, but anti-Japanese sentiment is growing.

Recently, so-called revisionist writers in the United States, charging that we have invented a new type of capitalism and play by different rules, have called for tougher measures to contain Japan's economic power. The mood is reminiscent of the anti-Japanese hysteria of the early 20th century that culminated in the 1924 Immigration Act -- popularly known as the Oriental Exclusion Act -- which banned further Japanese

[英文資料](279頁参照)

A Greener, Gentler Japan

by Takashi SHINOHARA, Director,
External Policy Coordination Office,
Ministry of Agriculture, Forestry and Fisheries

Goaded by U.S. criticism, Japan is struggling to reduce its huge trade surplus, but despite some progress, efforts to open our markets and restructure the economy will probably fall short of the mark. The solution to trade friction is not more of Washington's policy initiatives but a new set of Japanese priorities.

In the 1990s, Japan must strive to build a greener, gentler, more self-reliant postindustrial society based on modern science and traditional virtues .

After World War II, the U.S. Occupation (1945-1952) implemented democratic reforms that turned Japan into a bulwark against communism. But with perestroika and the winding down of the Cold War, many Americans now consider our economic might a greater threat to their national security than Soviet power.

In a recent opinon poll commissioned by the Washington Post and ABC News, three out of four respondents cited Japan as a leading menace. We were ranked with Latin American drug barons and international terrorists as America's major enemies.

History seems to be repeating itself. Twice this century, Japan has triumphed over staggering odds to build a strong economy. Each success has invited the envy and enmity of our friends.

The first time, the United States and Great Britain sided with Japan against Russia in order to block the Czar's southward advance in Asia. In 1902, London and Tokyo estab-

あとがき

一九九八年八月、農林水産技術会議事務局の研究総務官として、クローン、遺伝子組み換え等のバイオテクノロジーの最先端技術について詳しく説明を受けたときには、頭の中がかなり混乱すると同時に珍しく知的興奮を覚えた。クローン牛の誕生が相次いだが、一回聞いただけでは私にはなぜ一つの小さな細胞が精子と卵子と同じはたらきをするのか、どうしても理解できなかったが、何か新しい発見や動きがあることだけは感じることができた。

人間の体は約六〇兆の細胞から成っているという。そして、つい最近になってその一つひとつの細胞が、植物と同様に全能性（何にでもなれる能力）を持っているのではないかと考えられはじめた。爪《つめ》の細胞は、爪になれと命じられているから爪を形成しているだけで、心臓に行ったら心臓の膜の一部になれるし、頭に行ったら髪の毛にもなれるという。つまり、木の枝を挿し木しても一本の木になれるし、葉の一部から花を咲かせる草花になるのと同じく、動物もどの部分の細胞からでも一個の完全な個体が作れるというのだ。

大ヒットしたＳＦ映画『ジュラシックパーク』は観ていたが、本当のところ、どうして恐竜が復活できたかはよくわからないまま映画を楽しんでいた。かなり後になって原理が理解できるようになった。人類、皆兄弟どころではなく、一人の人間の細胞は皆同一であり、つまるところ人類の全細胞が皆兄弟だったのだ。

ワトソン、クリックのＤＮＡ（デオキシリボ核酸）の二重らせんの構造の解明とその後の遺伝子工学の進展はもっと衝撃的である。人間と猿と種は異なるが遺伝子には、共通部分が多く、なんと植物まで含め遺伝情報はＤＮＡに含まれており、細菌から生物に至るまですべての生物はＤＮＡを遺伝物質として用いており、種を超えて人工的に遺伝子情報が転移されることも実証された。つまり、ありとあらゆる生物は基本的に何らかのかたちでつながっているというのだ。これまたアダムとイヴどころの話ではなく、小さい生命の元は皆同じだということなのだ。つまり、地球生命は皆兄弟ということになる。

生きとし生けるものすべての生物を同一とみなし、神が宿るとしてきた「山川草木　悉《ことごとく》皆成仏」という日本古来の考えが生物学の進歩により実証されたのである。家畜を家族同様に扱い、馬頭観世音を造り、鯨《くじら》供養までして身の回りの物に人間同様の愛情を注いできたわれわれの祖先の生き方こそ、地球と共生する知恵そのものといえる。

ここから話が飛躍するかもしれないが、前世が犬だったとか、土の中の虫だったとかいうことも、遺伝子情報のつながりを考えるとあながち否定できないことになる。脳の記憶ではなく、遺伝子の情報として残っているのだ。生あるものは必ず死ぬが、遺伝子はめぐりめぐって循環し、子孫に、そして次の生命にすべてが引き継がれ、循環していくのである。ホーキンスのいう利己的遺伝子（selfish gene）がまさにここにある。

自然との共生、地球環境との共生といった考えはなにも環境団体の専売特許ではなく、遺伝子工学からするときわめて当然のことになる。そして、最後には転生輪廻《てんせいりんね》、仏教の世界にもつながり、今日の循環社会への転換にもつながっていく。

われわれは、今日の環境破壊が地球に深刻な影響を与えていることから、仲間の生物を傷めつけてまで人間一人生き抜くことができないことを十二分に知らされたのである。近代文明は明らかに危機に瀕《ひん》している。地球もわれわれの遺伝子もこぞって悲鳴をあげて警告を発しつつある。環境ばかりでなく、どうやら、物理的豊かさを手に入れすぎたがために精神さえ傷みはじめたようだ。最近（二〇〇〇年六月）大々的に報じられている感受性の強い若者の反乱は、この象徴であろう。

われわれは、このあたりで一歩立ち止まり、循環の論理に立ち戻らねばなるまい。農林水産業は、まさに循環の論理の中でこそ永続できる産業であり、二一世紀には見事な循環を復活し、繁栄していかなければならない。そういう意味をこめて、本書のタイトルに「循環」を使わせていただいた。

＊

本書は、私の書き留めたものを創森社の相場博也さんにまとめていただいたものである。第1章は貿易と資源問題、第2章は環境保全型農業と麦作の復活を論じたものである。それに対し、第3章は日本の農村、そして第4章はフランスの農村を題材にして日頃の考えをざっくばらんに綴ったものである。第5章は、それらをまとめて日本の進むべき方向を循環というキーワードから論じたものである。

私は元来あまり文章にはこだわらないが、今回は整合性をとり、少々古いものを新しくするためかなり筆を入れた。それを辛抱強く待っていただいた相場さんをはじめとする編集関係の方々には深謝する。また、今回も私の筆の走り過ぎをチェックしてもらった二人の後輩にもこの場を借りて感謝したい。

二〇〇〇年七月

篠原　孝

◇——本書は『農林経済』『ダイワアーク』『土と健康』『食の教室』『季刊アビー』『明日の食品産業』『家の光』『農の技術革新』『サイアス』『わがこころのふるさと信州』『リージョナルバンキング』『公庫月報』『トマトキッチンスタジオニュース』『'98食品年報』などに掲載されたものを中心にまとめました。収録にあたり、一部を大幅に削除・修正し、新たに加筆いたしました。

復刊に寄せて

私がまだ農林水産省の現役だった二〇〇〇年に著した本書が復刊されることになった。創森社の相場博也さんの要請によるものである。二〇年余りも前のものを復刊なんてと思い、「序章」と「あとがき」から改めて読み直してみた。相場さんは、今もいや今こそピッタリの内容だと、私に述べたが、本人の私がもっとそう思うことになった。

嘴《くちばし》の青い論調かもしれないが、二一世紀は、環境、人口、食料・エネルギーの問題に尽きると断じている。今、まさにそれが顕在化している。

最終章の「農的循環社会への道」で、私はゴミの捨て場がなくなるを第一に挙げている。二〇一一年三月一一日、福島第一原発事故が起こり、今（二〇二三年九月）、デブリ（格納容器内で溶け落ちたメルトダウン核燃料）を冷却した水の海への放出が開始され、中国等から猛反発を受けている。私は直接このことを著したわけではないが、まさに一旦は放射能で汚染された水をＡＬＰＳ処理した水、すなわちゴミの水を貯めたタンクが満杯になってしまったのだ。他にも海洋を静かに汚染するマイクロプラスチックの問題もある。

二番目の過密と超過疎は、コロナで都市が危険だとわかったのに猛スピードで進行中である。特に過疎は、日本社会、農村を根底から揺り動かしている。中山間地域や離島は、昔どおり人が住めるようにしないとならない。

三番目の高齢化社会は、医療に介護にと歪みをもたらしている。ただ、私は高齢者がもっと元気よく働ける社会にすれば途は拓けてくると思っている。少子化も、日本人の知恵で、まっとうな方向に向かっていくと思う。つまり、大きくなった経済を維持し、大国たらんとするからことさら問題になるのであって、増えすぎた人口が元になるだけだと考えれば、そう嘆くことでもない。ただ、過疎地の人口が急激に減少し、子供がいなくなり、集落自体が消滅する状況は早急に手を打たなければならない。

四番目の地域社会の崩壊は、気がつかれずに深く進行していて空恐ろしい。孤独・孤立であり、高齢者ばかりでなく若者にも影響を与えていることが問題である。絆が弱まっているのだ。私はこれこそ日本の強さをなくす最大の問題だと思っている。

日本は成長神話から脱し、もっとゆったり生きる途を行くべきであり、それには農業がそして地方が大事な役割を果たしていかなければならない。そのための政策が必要である。

著者

篠原孝国会事務所
〒100-8981 東京都千代田区永田町2-2-1
衆議院第一議員会館719号室
https://www.shinohara21.com

装丁 ――熊谷博人
デザイン ――ビレッジ・ハウス
寺田有恒
中扉カット ――高山 進
校正 ――霞 四郎

著者プロフィール

●篠原 孝(しのはら たかし)

1948年、長野県生まれ。京都大学法学部卒業。1973年、農林省入省。ワシントン大学海洋総合研究所留学。OECD日本政府代表部参事官(パリ)、水産庁企画課長、農林水産政策研究所長を務める。農学博士(京都大学)。2003年より衆議院議員。菅直人内閣で農林水産副大臣などを歴任。現在、議員連盟では食の安全と安心を創る議員連盟会長、有機農業議員連盟副会長、菜の花議員連盟幹事長、水産業・漁村振興議員連盟幹事長などを務める。

著書に『農的小日本主義の勧め』(復刊、創森社)、『第一次産業の復活』(ダイヤモンド社)、『EUの農業交渉力』(農文協)、『原発廃止で世代責任を果たす』(創森社)、『TPPはいらない!』(日本評論社)、『持続する日本型農業』(創森社)など多数

農的循環社会《のうてきじゅんかんしゃかい》への道《みち》

2023年11月6日　第1刷発行

著　　者——篠原《しのはら》 孝《たかし》

発 行 者——相場博也

発 行 所——株式会社 創森社

〒162-0805 東京都新宿区矢来町96-4

TEL 03-5228-2270　FAX 03-5228-2410

https://www.soshinsha-pub.com

振替00160-7-770406

組版協力——有限会社 天龍社

印刷製本——中央精版印刷株式会社

 ISBN978-4-88340-364-6 C0061